普通高等教育"十二五"规划教材

模拟电子技术

MONI DIANZI JISHU

● 李 琳 主编

化学工业出版社
·北京·

本书是按照教育部教学指导委员会最新修订的模拟电子技术基础课程教学的基本要求，结合作者的多年教学经验编写而成。全书共分七章，主要讲述半导体器件的工作原理，基本放大电路的组成原理、工作状态的分析以及放大电路的参数计算，差动放大电路和集成运算放大电路的分析和计算，负反馈放大电路，波形产生与变换电路，功率放大电路和直流电源。

本书适用于高等学校工科机电类专业的本科生及大专生使用，也可用作专业自考教材，供工程技术人员参考使用。

图书在版编目（CIP）数据

模拟电子技术/李琳主编. —北京：化学工业出版社，2015.7（2017.8 重印）

普通高等教育"十二五"规划教材

ISBN 978-7-122-24107-8

Ⅰ.① 模…　Ⅱ.① 李…　Ⅲ.① 模拟电路-电子技术-高等学校-教材　Ⅳ.①TN710

中国版本图书馆 CIP 数据核字（2015）第 112783 号

责任编辑：高　钰　　　　　　　　　　　文字编辑：云　雷
责任校对：边　涛　　　　　　　　　　　装帧设计：刘丽华

出版发行：化学工业出版社（北京市东城区青年湖南街 13 号　邮政编码 100011）
印　　刷：北京永鑫印刷有限责任公司
装　　订：三河市宇新装订厂
787mm×1092mm　1/16　印张 11½　字数 256 千字　　2017 年 8 月北京第 1 版第 2 次印刷

购书咨询：010-64518888（传真：010-64519686）　　售后服务：010-64518899
网　　址：http://www.cip.com.cn
凡购买本书，如有缺损质量问题，本社销售中心负责调换。

定　价：26.00 元

前言

　　模拟电子技术是电子信息类专业重要的技术基础课程，也是一门应用性很强的专业基础课。通过本课程的学习，可以使读者在掌握模拟电子技术基本知识的基础上，培养分析和设计模拟电路的能力，并为学习后续课程和今后在实际工作中应用电子技术打好基础。

　　本书根据高等学校培养目标的要求以及现代科学技术发展的需要，以开发应用型人才为目标，并结合现代电子技术系列课程的建设实际而编写。在编写过程中，注意了精选内容、突出重点，加强了基本概念、基本理论、基本的分析方法以及基本单元电路设计的讲解，弱化繁琐的理论推导，突出理论联系实际的工程特点，提高分析和解决实际问题的能力的原则。本书着重介绍比较实用的工程计算和近似估算方法，列举大量应用实例，以加深读者对各单元电路功能的理解。强调课程体系的针对性，根据大中专院校的培养规格，理论上以为后续课打基础，够用为度，注重应用能力的培养。

　　本书共分七章，包括半导体二极管和晶体管、基本放大电路、集成运算放大器、负反馈放大电路、信号的运算与处理、信号发生电路和直流稳压电路等内容，主要介绍各种应用电路的分析、设计，其中放大电路与分立元件为主，其他应用电路均以集成电路为主。

　　本书简明扼要、深入浅出、注重基础、兼顾应用，书中讲述了学习要求和重点内容，并通过一定量的例题和练习题，使读者逐渐掌握分析问题、解决问题的思路和方法。

　　本书适合作为高等工科院校机电类专业本科生及大专生的学习教材，同时也便于读者自学。

　　在本书的出版过程中，林科老师参与了部分内容的编写，在此表示感谢！

　　由于编者水平有限，编写时间仓促，书中难免有疏漏和不足之处，恳请本书的读者和使用本书的师生加以批评指正。

编者

2015 年 5 月

目录

第1章
常用电子元件

本章学习要点：放大电信号处理中最基本和最重要的环节，在许多实际应用电路中，放大电路可以将微弱的、变化的小电信号放大到需要的幅度，以便对于电信号进行更多形式的处理。通常交流放大电路是由电压放大电路和功率放大电路组成，而且常常是多级放大电路。同时，放大电路又是其他信号处理电路（如有源滤波电路、振荡电路）的基础组成部分。

本章的主要内容是由构成基本放大电路的几种半导体元件，包括二极管、三极管、场效应管等元件。在以下各章中，将详细讨论这些电路的结构、工作原理、分析和计算方法，以及电路的特点和典型应用。

1.1 半导体的基础知识

自然界的物质按其导电性能可分为导体、绝缘体和半导体。

电阻率在 $10^{-4}\,\Omega \cdot cm$ 以下的物质称为导体。导体一般为低价元素，如铜、铁、铝等金属，其最外层电子受原子核的束缚力很小，因而极易挣脱原子核的束缚成为自由电子。因此在外电场作用下，这些电子产生定向运动形成电流，呈现出较好的导电特性。

高价元素（如惰性气体）和高分子物质（如橡胶、塑料）最外层电子受原子核的束缚力很强，极不易摆脱原子核的束缚成为自由电子，所以其导电性极差，可作为绝缘材料，这些物质的电阻率在 $10^{10}\,\Omega \cdot cm$ 以上。

电阻率在 $10^{-4} \sim 10^{10}\,\Omega \cdot cm$ 之间的物质称为半导体。半导体材料最外层电子既不像导体那样极易摆脱原子核的束缚成为自由电子，也不像绝缘体那样被原子核束缚得那么紧，因此半导体的导电特性介于导体和绝缘体之间，如硅、锗、砷化物等。

1.1.1 本征半导体

不含任何杂质的半导体称为本征半导体。自然界中属于半导体的物质很多，常用的半导体材料主要有硅和锗。它们都是四价元素，在原子结构中最外层轨道上有四个价电子。其简化原子结构模型如图 1-1 所示。

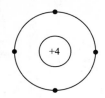

图 1-1　硅和锗简化原子结构模型

把硅或锗等半导体材料拉制成单晶体时，相邻两个原子的一对最外层电子成为共有电子，它们一方面围绕自身的原子核运动，另一方面又出现在相邻原子所属的轨道上，形成共价键结构，如图 1-2 所示。

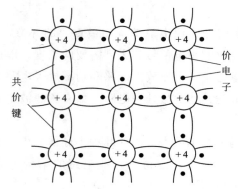

图 1-2　本征半导体共价键晶体结构示意图

在绝对零度时，价电子没有能力挣脱共价键的束缚而成为自由电子，这时的半导体就是良好的绝缘体。当温度升高，共价键中的价电子由于热运动而获得一定的能量，其中少数能够摆脱共价键的束缚而成为自由电子，同时必然在共价键中留下空位，称为空穴。空穴带正电，如图 1-3 所示。这种现象称为本征激发。由此可见，半导体中存在着两种载流子：带负电的自由电子和带正电的空穴。本征半导体中，自由电子与空穴是同时成对产生的，因此，它们的浓度是相等的。

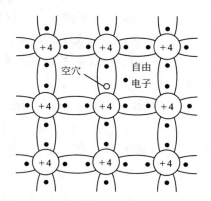

图 1-3　本征半导体中的自由电子和空穴

共价键中出现空穴后，在外电场的作用下，邻近的价电子就有可能填补到这个空位上，而在这个电子原来的位置上又留下新的空穴，以后其他电子又可以转移到这个空位上，如图 1-4 所示。如此下去，好像空穴在移动，但空穴运动方向与价电子运动方向相反。

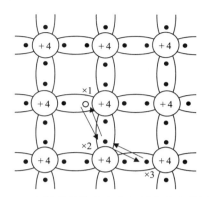

图 1-4　本征半导体中自由电子和空穴的运动

这样，当半导体两端加上电压后，半导体中将出现两部分电流：一是本征激发的自由电子在电场力作用下作定向运动所形成的电子电流；二是空穴移动产生的空穴电流（实际上是束缚电荷移动产生的电流）。半导体中同时存在电子导电和空穴导电，这是半导体最大的特点。

自由电子和空穴都称为载流子，它们总是成对产生，同时又不断复合。在一定温度下，载流子的产生过程与复合过程是相对平衡的，载流子的数目便维持在一定值。温度越高，本征激发就越强烈，半导体中的载流子数目就越多。在常温附近，温度每升高 8℃，硅的载流子数目就增加一倍；每升高 12℃，锗的载流子数目就增加一倍。因此，半导体导电能力随温度的升高而显著增强。但尽管如此，常温下的本征半导体的导电能力还是很弱的。

1.1.2　杂质半导体

在本征半导体内掺入微量的杂质就形成了杂质半导体。按掺入的杂质的性质，杂质半导体可分为 N 型半导体和 P 型半导体两类。

（1）N 型半导体

在本征半导体中，掺入微量 5 价元素，如磷、锑、砷等，则原来晶格中的某些硅（锗）原子被杂质原子代替。由于杂质原子的最外层有 5 个价电子，因此它与周围 4 个硅（锗）原子组成共价键时还多余 1 个价电子。多余的价电子不受共价键的束缚，只受自身原子核的吸引，由于这个吸引力很微弱，因此它只要得到较少的能量就能成为自由电子，并留下带正电的杂质离子（不能参与导电），如图 1-5 所示。显然，这种杂质半导体中电子数目远远大于空穴的数目，自由电子成为这种半导体的主要导电方式，所以称为电子型半导体或 N 型半导体。N 型半导体中，自由电子是多数载流子（简称多子），空穴是少数载流子（简称少子）。由于 5 价杂质原子可提供自由电子，故称为施主杂质。

（2）P 型半导体

在本征半导体中，掺入微量 3 价元素，如硼、镓、铟等，则原来晶格中的某些硅

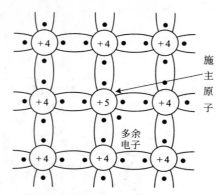

图 1-5　N 型半导体的晶体结构

（锗）原子被杂质原子代替。由于杂质原子的最外层只有 3 个价电子，当它和周围的硅（锗）原子组成共价键时，因为缺少一个电子，所以形成一个空位。其他共价键的电子，只需要摆脱一个原子核的束缚就转移至空位上，形成空穴，并留下带负电的杂质离子（不能参与导电），如图 1-6 所示。显然，这种杂质半导体中空穴数目远远大于自由电子数目，空穴成为这种半导体的主要导电方式，所以称为空穴型或 P 型半导体。P 型半导体中，空穴是多数载流子，自由电子是少数载流子。

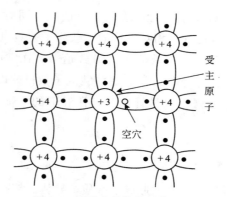

图 1-6　P 型半导体的晶体结构

　　总之，在杂质半导体中，多数载流子由掺杂形成，其数量取决于掺杂浓度，少数载流子由本征激发产生，其数量由温度决定。在常温条件下，即使杂质浓度很低，多数载流子的数目仍要远远大于少数载流子的数目，因此杂质半导体的导电性能由掺杂浓度决定。

1.1.3　PN 结

　　在一块本征半导体中，用工艺的办法让一边形成 N 型半导体，另一边形成 P 型半导体，则在两种半导体的交界处形成了 PN 结。PN 结是构成各种半导体器件的基础。

　　（1）PN 结的形成

　　图 1-7（a）中，P 型半导体中的⊖表示得到一个电子的杂质离子，"○"表示空穴；N 型半导体中，⊕表示失去一个电子的杂质离子，"·"表示自由电子。不考虑少数载流子，在 P 型和 N 型半导体的交界面两侧，由于电子和空穴的浓度相差很大，因此将产生扩散

运动。N 区中界面附近的自由电子向 P 区扩散，与 P 区中的空穴复合；P 区中界面附近的空穴向 N 区扩散，与 N 区中的自由电子复合。这样，在界面附近，P 区带负电荷，N 区带正电荷，这个空间电荷区就形成了 PN 结，如图 1-7（b）所示。带负电的 P 区和带正电的 N 区间的电位差 U_D 称为电位壁垒。空间电荷区中的电场称为内电场，其方向从 N 区指向 P 区。

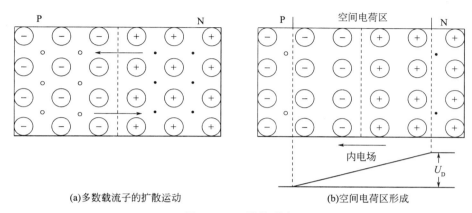

(a)多数载流子的扩散运动　　　　(b)空间电荷区形成

图 1-7　PN 结的形成

在此电场的作用下，P 区中的少数载流子自由电子在电场力的作用下向 N 区移动，N 区中的少数载流子空穴向 P 区移动。通常把载流子在电场力作用下的定向移动称为漂移运动。在这里少数载流子的漂移运动的结果使空间电荷区变窄。扩散与漂移是相互联系又相互矛盾的，扩散使空间电荷区加宽，内电场增强，从而对进一步的扩散产生阻力；另一方面，内电场的增强又使少子的漂移运动得到加强，而漂移又使空间电荷区变窄，内电场减弱，这又使扩散容易进行。当扩散和漂移达到动态平衡时，空间电荷区的宽度就稳定下来，PN 结就处于相对稳定的状态，这时，空间电荷区的宽度一般为几微米至几十微米，电位壁垒 U_D 的大小，硅材料为 0.6～0.8V，锗材料为 0.2～0.3V。

（2）PN 结的单向导电性

① PN 结外加正向电压。

将电源的正极接 P 区，负极接 N 区，则称此为正向接法或正向偏置。此时外加电压

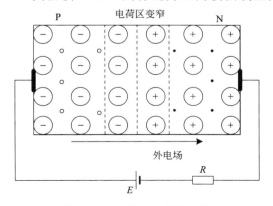

图 1-8　PN 结正向偏置电路

在空间电荷区产生一个与内电场方向相反的外电场，如图 1-8 所示，图中的 R 为限流电阻。在外电场的作用下削弱了内电场，PN 结的动态平衡被破坏，在外电场的作用下，P 区中的空穴进入空间电荷区与一部分负离子中和，N 区中的自由电子进入空间电荷区与一部分正离子中和，从而使整个空间电荷区变窄，多子的扩散运动增强，形成较大的扩散电流，这个电流称为正向电流，其方向从 P 区指向 N 区。

此时，PN 结处于导通状态，它所呈现出的电阻为正向电阻，其阻值很小。正向电压与正向电流存在指数关系：

$$I_\mathrm{D} = I_\mathrm{S} e^{\frac{U}{U_\mathrm{T}}} \tag{1-1}$$

式中，I_D 为流过 PN 结的电流；U 为 PN 结两端电压；$U_\mathrm{T} = \dfrac{kT}{q}$ 称为温度电压当量，其中 k 为玻耳曼常数，T 为绝对温度，q 为电子的电量。在室温下即 $T=300\mathrm{K}$ 时，$U_\mathrm{T}=26\mathrm{mV}$；$I_\mathrm{S}$ 为反向饱和电流。

② PN 结外加反向电压。

将电源的正极接 N 区，负极接 P 区，则称此为反向接法或反向偏置。此时外加电压在空间电荷区产生一个与内电场同向的外电场，因而增强了内电场的作用。在外电场的作用下，P 区中空穴和 N 区中的自由电子各自背离空间电荷区运动，使空间电荷区变宽，从而抑制了多子的扩散，加强了少子的漂移，形成反向电流，如图 1-9 所示。

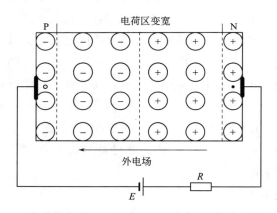

图 1-9　PN 结反向偏置电路

由于少子的浓度很低，因此这个反向电流非常小。在一定温度条件下，当外加电压超过零点几伏时，少子基本全被电场拉过去形成漂移电流，此时反向电压再增加，载流子数目也不会增加，因此反向电流也不会增加，故反向电流又称反向饱和电流，一般用 I_S 表示，即 $I_\mathrm{D} = -I_\mathrm{S}$。

此时，PN 结处于截止状态，呈现的电阻称为反向电阻，其阻值很大，高达 $10^5\,\Omega$ 以上。

综上所述，PN 结正向偏置时，回路中有较大的正向电流，PN 结呈现的电阻很小，PN 结处于导通状态；PN 结反向偏置时，回路中的电流非常小，PN 结呈现的电阻非常高，PN 结处于截止状态。

1.2　半导体二极管

1.2.1　二极管的基本结构

　　半导体二极管（Diode）是由 PN 结加上引线和管壳构成的。与 P 型半导体相连的引线为二极管的阳极，也称正极；与 N 型半导体相连的引线为二极管的阴极，也称负极。二极管的外形和电路符号分别如图 1-10（a）、（b）所示。

　　二极管的类型很多，按制造二极管的材料分，有硅二极管和锗二极管。按制造工艺来分，二极管又可分点接触型和面接触型两类。点接触型二极管 PN 结面积小，不能通过较大电流，适用于数字电路、高频检波等电路；面接触型二极管 PN 结面积大，可以通过较大电流，适用于整流等电路。

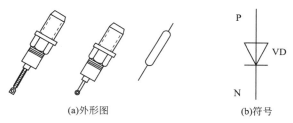

图 1-10　二极管的外形和电路符号

1.2.2　二极管的伏安特性

　　二极管两端电压 U 和通过二极管的电流 I_D 之间的关系，即 $I_D = f(U)$，称为二极管的伏安特性。根据半导体理论，它们之间的关系可写成如下通式：

$$I_D = I_S(e^{\frac{U}{U_T}-1}) \tag{1-2}$$

　　此方程称为二极管的伏安特性方程，如图 1-11 所示，该曲线称为伏安特性曲线。

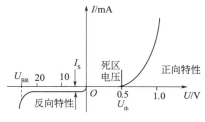

图 1-11　二极管的伏安特性

　　（1）二极管的正向特性

　　由二极管的伏安特性曲线（正向特性曲线在第一象限）可以看出，当外加正向电压很小时，外电场还不能克服 PN 结内电场对多数载流子的扩散运动的阻碍，故这时的正向电流很小，只有当正向电压高于某一值 U_{on} 后，内电场被大大削弱，才有明显的正向电流，二极管导通，该电压称为死区电压或门限电压。U_{on} 的大小与材料、温度有关，在室温下，硅管的 U_{on} 约为 $0.6 \sim 0.8V$，锗管的 U_{on} 约为 $0.1 \sim 0.3V$。

可见当二极管正向导通后，正向电流随外电压增加而明显增加，而它的正向压降却比较小，通常认为硅管的导通压降为 $0.6 \sim 0.8V$，锗管的为 $0.2 \sim 0.3V$。若将二极管视为理想二极管，则可认为其正向压降为零。

（2）二极管的反相特性

由二极管的伏安特性曲线（反向特性曲线在第三象限）可以看出，当二极管加上反向电压时，反向电流数值很小且基本不变，称为反向饱和电流。此时二极管处于截止状态。若将二极管视为理想二极管，则可认为连接二极管的支路为开路。

（3）二极管的反向击穿

当二极管两端所加反向电压增大到某一定值 U_{BR} 后，反向电流将急剧增大，这种现象称为击穿，U_{BR} 称为反向击穿电压。这种由于外电压增大，从而产生强大的外电场把价电子从共价键中拉出来，产生大量的载流子而使得反向电流迅速增大的击穿现象，称为电击穿（又称齐纳击穿），这种击穿是可逆的。但如果不采取措施加以限制，过大的电流会让 PN 结过热从而由电击穿转向热击穿（又称雪崩击穿），烧坏 PN 结。烧坏的结果会使二极管变为短路或开路，从而失去单向导电的性能。

1.2.3 二极管的主要参数

在选用二极管时，主要考虑以下几个参数。

（1）最大整流电流 I_F

最大整流电流是指二极管长时间工作时，允许通过的最大正向平均电流，它由二极管的面积、材料和散热情况决定。工作时应使平均工作电流小于 I_F。

（2）最大反向工作电压 U_R

这是二极管加反向电压时为防止击穿所取的安全电压，超过此值时，二极管可能被击穿。为了留有余地，通常取击穿电压 U_{BR} 的一半作为 U_R。

（3）反向电流 I_R

I_R 是指二极管未击穿时的反向电流值。此值越小，二极管的单向导电性越好。由于反向电流是由少数载流子形成，所以 I_R 受温度的影响很大。

（4）最高工作频率 f_M

f_M 的值主要取决于 PN 结结电容的大小，结电容越大，则二极管允许的最高工作频率越低。使用时，若工作频率超过 f_M，则二极管的单向导电性变差，甚至无法使用。

1.2.4 二极管的主要应用

二极管的应用范围很广，主要是利用它的单向导电性，通常用于整流、检波、限幅、元件保护等，在数字电路中常作为开关元件。

二极管的整流、检波电路放在后面的章节进行讨论，这里主要介绍二极管的限幅电路、元件保护电路和开关电路的基本原理。

（1）限幅电路

限幅电路的作用是限制电路中输出电压的幅度。它可用于波形变换，输入信号的幅度选择、极性选择和波形整形等。

在图 1-12 的限幅电路中，假设二极管 VD 为理想二极管，改变电路中的 E 值就可以改变电路的输出电压幅度。假设输入电压 u_i 按正弦规律变化，讨论如下：

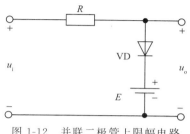

图 1-12　并联二极管上限幅电路

① 当 $E=0\text{V}$ 时，$u_i>0\text{V}$ 时二极管导通，$u_o=0\text{V}$；$u_i<0\text{V}$ 时二极管截止，$u_o=u_i$。波形图如图 1-13（a）所示。

② 当 $0<E<U_m$ 时，$u_i<E$，二极管截止，$u_o=u_i$；$u_i>E$，二极管导通，$u_o=E$。波形图如图 1-13（b）所示。

③ $-U_m<E<0$ 时，$u_i<-E$，二极管截止，$u_o=u_i$；$u_i>-E$，二极管导通，$u_o=E$。波形图如图 1-13（c）所示。

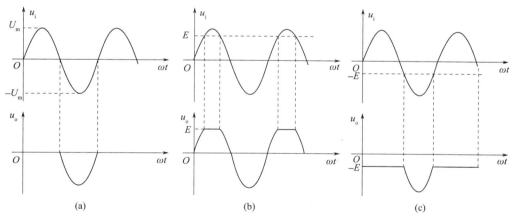

图 1-13　二极管并联上限幅电路波形关系图

通常将输出电压 u_O 开始不变的电压值称为限幅电平，图 1-13 所示的限幅电路中的电源 E 值决定电路的限幅电平。当输入电压高于限幅电平时，输出电压保持不变的限幅称上限幅，图 1-13 所示电路即为上限幅电路；当输入电压低于限幅电平时，输出电压保持不变的限幅称为下限幅。如将图 1-13 中的二极管极性反过来接，则组成下限幅电路，如图 1-13 所示。

图 1-12 和图 1-14 所示的电路中，二极管与输出端并联，故称为并联限幅电路。若二极管 VD 与输出端串联，则组成串联限幅电路，如图 1-15 所示。由上、下限限幅电路组合起来则组成双向限幅电路，如图 1-16 所示。其原理及输入输出关系波形图留待读者自行分析。

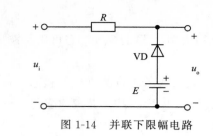

图 1-14 并联下限幅电路

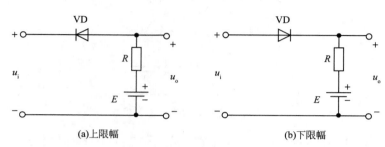

(a)上限幅 (b)下限幅

图 1-15 串联限幅电路

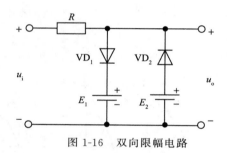

图 1-16 双向限幅电路

（2）二极管的元件保护电路

图 1-17 所示电路是电感平滑电路，二极管 VD 有续流作用，起到保持负载的作用。电路分析如下。

当开关 S 闭合时，二极管 VD 截止，电感 L 储存磁场能量，此时电流方向和 L 两端的感应电动势方向如图 1-17（a）所示。当开关 S 断开时，L 两端的感应电动势方向如图 1-17（b）所示。此时二极管导通，电感释放所储存的能量，即通过二极管给负载提供持续的电流，以免负载电流发生突变，起到平滑电流保护元件的作用。由于二极管为电感能量的释放提供了通路，常将此二极管称为续流二极管。

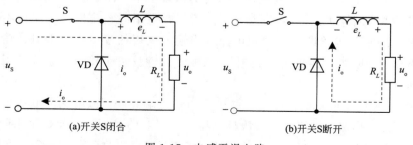

(a)开关S闭合 (b)开关S断开

图 1-17 电感平滑电路

（3）二极管开关电路

根据二极管的单向导电特性，二极管工作时存在导通和截止两种状态。利用二极管的这一特点可以组成数字电路里的开关电路。

如图 1-18 所示的电路中，只要该电路中有一路输入信号为低电平，这一路中的二极管处于导通状态，输出即为低电平；仅当全部输入均为高电平时，电路中三个二极管都处于截止状态，输出才为高电平。该电路对电信号起到"开"、"关"的作用，在逻辑运算中称为"与"运算。

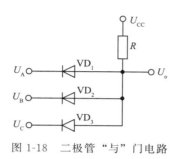

图 1-18　二极管"与"门电路

1.2.5　特殊二极管

1.2.5.1　稳压二极管

稳压二极管（简称稳压管）是一种用特殊工艺制造的面接触型硅二极管，其内部也是一个 PN 结，它的工作原理是利用 PN 结的击穿特性。稳压管的电路符号如图 1-19 所示。

图 1-19　稳压管的电路符号

（1）稳压管的伏安特性

稳压管的伏安特性曲线如图 1-20 所示。它的正向特性与普通二极管相似，只是其反向特性曲线比较陡直。如果二极管工作在反向击穿区，则当反向电流在较大的范围内变化 ΔI 时，管子两端电压相应的变化 ΔU 却很小，这说明它具有很好的稳压特性。因此，如果将稳压管和负载并联，就能在一定条件下保持输出电压基本恒定。

稳压管与普通二极管的不同之处在于它的反向击穿是可逆的。当反向电压撤除之后，稳压管能恢复正常状态。当然，如果反向电流超过允许范围，稳压管会因热击穿而损坏。所以在稳压管电路中，必须接入一个合适的限流电阻来限制它的反向电流。

（2）稳压管的主要参数

① 稳定电压 U_Z。

稳压管工作在反向击穿区时的稳定工作电压。它是由稳压管的电阻系数决定，而电阻

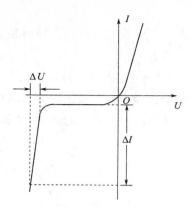

图 1-20 稳压管的伏安特性

系数由制造过程中掺入杂质的工艺来决定的。不同型号的稳压管具有不同的稳压值,同一型号的稳压管的稳压值也略有差别。

② 稳定电流 I_Z。

稳定电流是稳压管正常工作的最小电流。$I < I_Z$ 时,稳压管尚未击穿,管子的稳压性能差;$I > I_Z$,稳压管起稳压作用,但管子功耗不能超过额定功耗。

③ 动态电阻 r_Z。

r_Z 是稳压管工作在稳压区时,两端电压变化量与电流变化量之比,即

$$r_Z = \frac{\Delta U_Z}{\Delta I_Z} \tag{1-3}$$

r_Z 值越小,反向伏安特性曲线越陡直,稳压性能越好。

④ 额定功耗 P_Z。

额定功耗为稳压管允许的最大平均功率,有的手册给出最大稳定电流 I_{ZM},两者之间的关系为 $P_Z = I_{ZM} U_Z$。稳压管的功耗超过 P_Z 或工作电流超过 I_{ZM},稳压管将因热击穿而损坏。

⑤ 电压温度系数 α_U。

α_U 是指稳压管电流不变时,环境温度每变化 1℃引起稳定电压变化的百分比,定义为:

$$\alpha_U = \frac{\Delta U}{\Delta T} \times 100\% \tag{1-4}$$

对硅稳压管,稳压值在 4V 以下的,α_U 为负值,6V 以上的,α_U 为正值,稳压值在 4~6V 之间,α_U 最小,一般不超过 0.1%/℃。

【例 1-1】求通过稳压管的电流 I_Z 等于多少?R 是限流电阻,其值是否合适?(图 1-21)

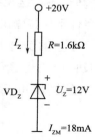

图 1-21　【例 1-1】图

解：$I_Z = \dfrac{20-12}{1.6 \times 10^3}\text{A} = 5 \times 10^{-3}\text{A} = 5\text{mA}$ $I_Z < I_{ZM}$，所以电阻值合适。

（3）稳压管稳压电路

将稳压管和限流电阻串联即可构成简单的稳压电路，如图 1-22 所示。电路中的限流电阻 R 是必不可少的，当输入电压有波动或负载电流有变化时，通过调节 R 上的压降来保持输出电压基本不变。

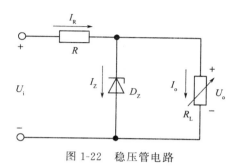

图 1-22　稳压管电路

下面分析电路的稳压原理。设 R_L 不变，U_i 增大，则 $U_o = U_Z$ 也将增大，U_Z 增大使 I_Z 急剧增大，流过电阻的电流 $I_R = I_Z + I_o$ 及电阻上的压降 U_R 也随之急剧增大，从而使 $U_o = U_i - U_R$ 保持基本不变，此过程可以表示为：

$$U_i \uparrow \to U_o\ (U_Z)\ \uparrow \to I_Z \uparrow \to I_R \uparrow \to U_R \uparrow \to U_o \downarrow$$

若 U_i 减小，上述变化过程刚好相反，结果同样是 U_o 保持基本不变。

由以上分析可以看出，限流电阻 R 不仅能限制电流使稳压管 VD_Z 正常工作，同时也是实现自动稳定输出电压的关键，即由 U_Z 的微波变化，引起 I_Z 的较大变化，通过电阻 R 转换成 U_R 的变化，从而保持输出电压 U_o 的基本稳定。

那么如何选择稳压管 VD_Z 和限流电阻 R 呢？选择稳压管时，一般取

$$\left.\begin{array}{l} U_Z = U_o \\ I_{Zmax} = (2 \sim 2)I_{omax} \\ U_i = (2 \sim 3)U_o \end{array}\right\} \tag{1-5}$$

式中，I_{omax} 为流过负载的最大电流；U_Z、I_{Zmax} 为稳压管的参数。限流电阻一般取

$$\left.\begin{array}{l} \dfrac{U_{imax} - U_o}{I_{Zmax} + I_{omin}} \leqslant R \leqslant \dfrac{U_{imin} - U_o}{I_{Zmax} + I_{omax}} \\[2mm] P \geqslant \dfrac{(U_{imax} - U_o)^2}{R} \end{array}\right\} \tag{1-6}$$

式中，U_{imax} 为 U_i 的最大值；U_{imin} 为 U_i 的最小值；I_{omin} 为 I_o 的最小值；P 为电阻 R 的额定功率。

稳压管稳压电路结构简单，但输出电流较小，且输出电压不能调节，通常适用于小电流，固定输出电压，负载变化不大，精度要求不高的场合。

1. 2. 5. 2　发光二极管

发光二极管简称 LED，它是一种将电能转换为光能的半导体器件，主要由砷化镓、磷

化镓等材料制成，其符号如图 1-23 所示。

　　发光二极管由一个 PN 结组成，当加正向电压时，P 区和 N 区的多数载流子扩散至对方与多数载流子复合，复合过程中，有一部分以光子的形式放出，使二极管发光，发光亮度取决于电流的大小，电流越大，亮度越强。发出的光波可以是红外光或可见光，这个由其所使用的材料决定。发光二极管常用作显示器件，使用时常与几百欧姆的电阻串联，以防止电流过大而烧坏。

图 1-23　发光二极管电路符号

1.2.5.3　光电二极管

　　光电二极管是将光能转换为电能的半导体器件，它的结构与普通二极管相似，但在它的 PN 结处，通过管壳上的一个玻璃窗口能接收外部的光照。光电二极管在反向偏置状态下工作，它的反向电流随光照强度的增加而上升。图 1-24 所示为光电二极管的电路符号，其主要特点是反向电流与光的照度成正比，灵敏度的典型值是 $0.1\mu A/lx$ 数量级。

　　光电二极管常用于光的测量。

图 1-24　光电二极管符号

1.2.5.4　变容二极管

　　根据电容的定义

$$C = \frac{Q}{U} \text{ 或 } C = \frac{\mathrm{d}Q}{\mathrm{d}U} \tag{1-7}$$

　　即电压变化将引起电荷变化，从而反映出电容效应。当 PN 结两端加上电压，PN 结内就有电荷的变化，说明 PN 结内具有电容效应。利用 PN 结的结电容随外加电压的变化特性可制成变容二极管，其符号如图 1-25 所示。

　　变容二极管主要用于高频电子线路，如电子调谐、频率调制等。

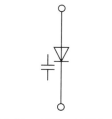

图 1-25　变容二极管符号

1.3　半导体三极管

半导体三极管（Transistor）又称晶体管、双极型三极管，是一种应用广泛的半导体器件。三极管有三个电极，其外形如图 1-26 所示。

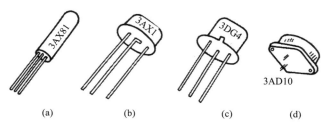

图 1-26　几种三极管的外形图

1.3.1　三极管的结构

三极管是由两个 PN 结"背靠背"地连接起来，引出三个极封装而成的。按 PN 结的组合方式，三极管有 NPN 和 PNP 两种类型，其结构示意图和符号如图 1-27 所示。

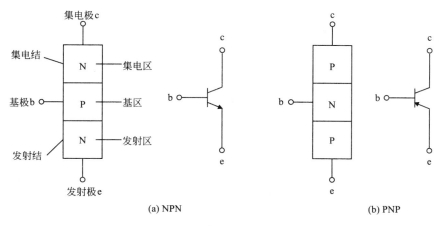

图 1-27　三极管结构示意图及符号

无论是 NPN 型或 PNP 型的三极管，它们均包含三个区：发射区（e）、基区（b）、集电区（c）。发射区和基区间的 PN 结称为发射结，集电区和基区的 PN 结称为集电结。

在制造三极管时，必须满足以下工艺要求。

① 基区要很薄，通常只有几微米到几十微米，而且掺杂浓度要低。

② 发射区掺杂浓度要高。

③ 集电区面积要大，掺杂浓度要低。

常用的半导体材料有硅和锗，因此共有四种三极管类型，它们对应的型号分别为：3A（锗 PNP）、3B（锗 NPN）、3C（硅 PNP）、3D（硅 NPN）四种系列。我国对半导体器件型号的命名有国家标准，举例如下：

第一位数字"3"表示该元件为三极管器件；第二位字母表示三极管制造材料及类型，A 为锗 PNP 管，B 为锗 NPN 管，C 为硅 PNP 管，D 为硅 NPN 管；第三位字母表示器件的种类，X 为低频小功率管，D 为低频大功率管，G 为高频小功率管，A 为高频大功率管，K 为开关管。

由于硅 NPN 型三极管用得最广，故下文无特殊说明时，均以硅 NPN 型三极管为例来讨论。

1.3.2 三极管的电流放大原理

下面以 NPN 型三极管为例，讨论三极管的电流放大原理。

要使三极管正常工作，首先发射区要向基区注入载流子——电子，因此要在发射结加正向电压 E_B；其次要保证注入到基的电子经过基区后传输到集电区，因此要在集电结上加反向电压 E_C。电路连接方式如图 1-28 所示。总的来说，三极管要正常工作，发射结必须正向偏置，集电结反向偏置。对 NPN 型管，应满足 $V_C > V_B > V_E$，即 $U_{BE} > 0$，$U_{BC} < 0$；对于 PNP 型管，应满足 $V_E > V_B > V_C$，即 $U_{BE} < 0$，$U_{BC} > 0$。

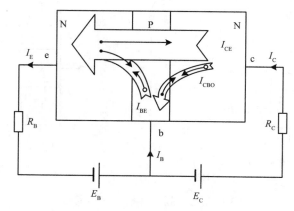

图 1-28　三极管中载流子传输过程

在这两个外加条件下，三极管内部载流子的传输过程如下。

（1）发射区向基区注入电子

发射结正向偏置，发射区的多数载流子——电子扩散到基区，并不断从电源补充进电子，形成发射极电流 I_E；基区的多数载流子——空穴，也要向发射区扩散，但由于基区的空穴浓度比发射区的电子浓度小得多，空穴电流很小，可以忽略。

（2）电子在基区的扩散和复合

发射区扩散到基区的电子，与基区内的空穴复合，形成电流 I_{BE}。复合掉的空穴由电源补充，形成基极电流 I_B。基区很薄且掺杂浓度很小，从发射区扩散过来的电子绝大部分到达集电结，并向集电区扩散。

（3）集电区收集扩散过来的电子

集电结所加的是反向电压，它阻止集电区的多数载流子——电子向基区扩散，但对从发射区扩散到基区的电子有很强的吸引力，使之很快漂移过集电结，形成电流 I_{CE}。另外，由于集电结加反向电压，基区和集电区中的少数载流子产生漂移运动，形成电流 I_{CBO}，称为反向饱和电流，这个电流很小，由少数载流子的浓度决定，因此受温度影响较大，容易使三极管工作不稳定。

由以上载流子运动的分析，可总结出发射极、基极和集电极的电流存在以下关系：

$$I_E = I_B + I_C \tag{1-8}$$

$$I_E = I_{CE} + I_{BE} \tag{1-9}$$

$$I_B = I_{BE} - I_{CBO} \tag{1-10}$$

$$I_C = I_{CE} + I_{CBO} \tag{1-11}$$

定义三极管的电流放大系数

$$\bar{\beta} = \frac{I_{CE}}{I_{BE}} = \frac{I_C - I_{CBO}}{I_B + I_{CBO}} \tag{1-12}$$

则有

$$I_C = \bar{\beta} I_B + (1 + \bar{\beta}) I_{CBO} = \bar{\beta} I_B + I_{CEO} \tag{1-13}$$

$$I_E = (1 + \bar{\beta}) I_B + (1 + \bar{\beta}) I_{CBO} = (1 + \bar{\beta}) I_B + I_{CEO} \tag{1-14}$$

其中 $I_{CEO} = (1 + \bar{\beta}) I_{CBO}$，称为穿透电流。一般情况下，$I_{CEO}$ 很小 ，可以忽略，故有

$$I_C = \bar{\beta} I_B \tag{1-15}$$

$$I_E = (1 + \bar{\beta}) I_B \tag{1-16}$$

以上是直流稳态时的分析，$\bar{\beta}$ 也称为三极管的直流电流放大系统，一般约为几十到几百。三极管用得较多的是对交流信号进行放大处理，衡量三极管放大能力的指标是交流电流放大系统，其定义为：

$$\beta = \frac{\Delta i_C}{\Delta i_B} \tag{1-17}$$

一般情况下，β 与 $\bar{\beta}$ 的差别较小，故在以后的分析中不再区分，统一用 β 表示，即

$$\beta = \frac{\Delta i_C}{\Delta i_B} = \frac{I_C}{I_B} \tag{1-18}$$

1.3.3 三极管的特性曲线

三极管的特性曲线是指三极管各电极电压与电流之间的关系。它包括输入特性曲线和输出特性曲线，它反映了三极管的性能，是分析三极管电路的重要依据。三极管的特性曲线可以通过实验的方法来测得，三极管的不同连接方式，有不同的特性曲线，因发射极用得最多，下面主要针对 NPN 型三极管的共发射极特性曲线进行讨论，测试电路如图 1-29 所示。

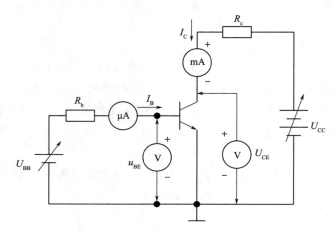

图 1-29　三极管共发射极特性曲线测试电路

（1）输入特性

三极管的输入特性是指当 U_{CE} 不变时，基极电流 I_B 与电压 U_{BE} 之间的关系曲线，即

$$I_B = f(U_{BE})\,|_{U_{CE}=常数} \tag{1-19}$$

输入特性曲线如图 1-30 所示。

当 $U_{CE}=0V$ 时，从三极管的输入回路看，基极和发射极之间相当于两个 PN 结（发射结和集电结）并联。当 b、e 之间加上正向电压时，三极管的输入特性就是两个正向二极管的伏安特性，见图 1-30 中左边一条曲线。

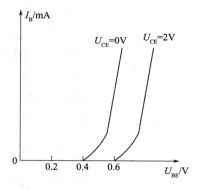

图 1-30　三极管的输入特性

当 $U_{CE}=1V$ 时，集电结反向偏置，集电结吸引电子的能力加强，使得从发射区扩散到基区的电子更多地进入集电区，基区电子复合减少，基极电流 I_B 下降，因此与 $U_{CE}=0V$ 时的曲线相比，曲线就相应地向右移。

对于 $U_{CE}>1V$ 时的特性曲线，严格来说输入特性应继续右移。但是由于当 $U_{CE}=1V$ 时，集电结电场已经足够强，已将发射区扩散到基区的电子绝大部分吸收到了集电区，此时再增加 U_{CE}，这部分电子不再明显增加，故 I_{BE} 的变化不大，因此 $U_{CE}>1V$ 时的曲线与 $U_{CE}=1V$ 时的曲线基本重合。

（2）输出特性

三极管的输出特性是指当 I_B 不变时，集电极电流 I_C 与电压 U_{CE} 之间的关系曲线，即

$$I_C=f(U_{CE})\mid_{I_B=常数} \tag{1-20}$$

当 I_B 取不同的数值时，可得到不同的输出特性曲线。I_B 增加时 I_C 也相应地增加，所以三极管的输出特性是一组曲线，如图 1-31 所示。

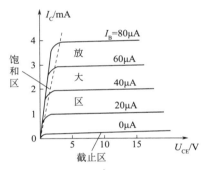

图 1-31　三极管的输出特性

① 截止区。

截止区是三极管工作在截止状态的区域，一般将 $I_B\leqslant0$ 的区域称为截止区。在图中为 $I_B=0$ 的一条曲线的以下部分，此时 I_C 近似为零。由于各极电流都基本上等于零，因而此时三极管没有放大作用。对于 NPN 型硅管，当 $U_{BE}<0.5$ 时开始截止，为了可靠截止，通常使 $U_{BE}\leqslant0$。

其实 $I_B=0$ 时，I_C 并非真正为零，而是等于穿透电流 I_{CEO}。一般情况下，穿透电流很小，硅管的穿透电流通常小于 $1\mu A$，所以无法在输出特性曲线上表示出来。

三极管工作在截止区时，发射结和集电结都处于反向偏置状态。对于 NPN 型三极管来说，$U_{BE}<0$，$U_{BE}<0$。

② 饱和区。

饱和区是三极管工作在饱和状态的区域，它是各条输出特性曲线的上升部分和弯曲部分。在这个区域，不同 I_B 值的各条特性曲线几乎重叠在一起，即当 U_{CE} 较小时，管子的集电极电流 I_C 基本上不随基极电流 I_B 而变化，这种现象称为饱和。此时三极管失去了放大作用，$I_C=\beta I_B$ 或 $\Delta i_C=\beta\Delta i_B$ 关系不成立。

三极管工作在饱和区时，发射结和集电结都处于正向偏置状态。对于 NPN 型三极管来说，$U_{BE}>0$，$U_{BC}>0$。

③ 放大区。

放大区是三极管工作在放大状态所对应的区域，是各输出特性曲线比较平坦，近似水平的直线部分。在此区域内，I_B 一定时，I_C 的值基本上不随 U_{CE} 而变化。而当基极电流有一个微小的变化量 Δi_B 时，相应的集电极电流将产生较大的变化量 Δi_C，比 Δi_B 放大 β 倍，即 $\Delta i_C = \beta \Delta i_B$，这个表达式体现了三极管的电流放大作用。

在放大区，三极管的发射结正向偏置，集电极反向偏置。对于 NPN 型三极管来说，$U_{BE} > 0$，而 $U_{BC} < 0$。

三极管的三个工作区都是有用的。在放大电路中，应使三极管工作在放大区，以免使输出信号产生失真；而在脉冲数字电路中，恰恰要使三极管工作在截止区和饱和区，使三极管成为一个可以控制的无触点开关。

三极管的特性曲线和参数是根据需要选用三极管的主要依据，各种型号的三极管的特性曲线可以从半导体器件手册中查得。

1.3.4　三极管的主要参数

三极管的主要参数表明了三极管性能和适用范围，是设计电路、选用三极管的依据，主要参数如下。

（1）电流放大系数 β

电流放大系数是衡量三极管放大能力的重要指标，β 是共射交流电流放大系数。通常小功率的三极管的 β 值为 30～100，大功率三极管的 β 值为 20～30。同一型号的三极管其 β 值也有相当大的分散性。

（2）穿透电流 I_{CEO}

I_{CEO} 为基极开路、集电结加反向电压、发射结加正向电压时的集电极电流，它在输出特性曲线上对应 $i_B = 0$ 那条曲线，由于这个电流是从集电区穿过基区流到发射区的，所以又称穿透电流。穿透电流受环境温度影响大，会使三极管工作不稳定，因此 I_{CEO} 越小越好。考虑穿透电流时，集电极电流为

$$I_C = \beta I_B + I_{CEO}$$

（3）集电极最大允许电流 I_{CM}

集电极电流 I_C 超过一定值时，三极管的 β 值就要下降，β 下降到正常值的 2/3 时的集电极电流称为集电极最大允许电流 I_{CM}。

（4）集电极-发射极反向击穿电压 $U_{(BR)CEO}$

基极开路，加在集电极和发射极之间的最大允许电压称为反向击穿电压 $U_{(BR)CEO}$，当 U_{CE} 大于 $U_{(BR)CEO}$ 时，三极管的 PN 结会被击穿，这时 I_{CEO} 会急剧增大。

（5）集电极最大允许耗散功率 P_{CM}

三极管工作时，管子两端的电压为 U_{CE}，集电极流过的电流为 I_C，因此集电极耗散功率为 $P_C = U_{CE} I_C$，当该功率超过一定值时，会使三极管温度升高，性能下降，严重时甚至会因过热而烧毁。这个能使三极管正常工作的最大允许功率即为 P_{CM}。

I_{CM}、$U_{(BR)CEO}$ 和 P_{CM} 称为三极管的极限参数，这三者共同确定了三极管工作区，如图 1-32 所示。

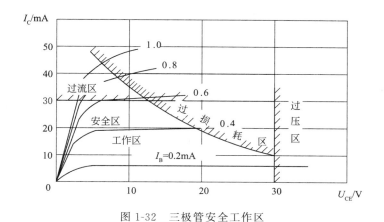

图 1-32　三极管安全工作区

1.3.5　温度对三极管参数的影响

温度会影响到半导体的载流子浓度，因此三极管的参数也会受温度影响，三极管的以下参数受温度的影响比较明显。

（1）温度对 U_{BE} 的影响

温度升高，U_{BE} 减小，温度每升高 1℃，U_{BE} 减小 2～2.5mV。

（2）温度对 β 的影响

三极管的电流放大系数 β 随温度升高而增大，通常温度每升高 1℃，β 值增大 0.5%～1%。

（3）温度对 I_{CEO} 的影响

温度升高，穿透电流增大。通常温度每升高 10℃，I_{CEO} 增加一倍。

1.3.6　三极管的微变等效电路

放大电路的分析是对放大电路的静态和动态两种情况所做的分析。静态是指输入信号为零时，放大电路中仅含有直流量的工作状态；动态是有输入信号时，放大电路中的工作状态。静态分析是对电路中的直流量进行分析，常采用估算法；动态分析是对电路中的交流量进行分析，常采用微变等效电路法进行。

由三极管的输入输出特性曲线可以看到，三极管是一个非线性器件，在输入较大幅度的交流信号时，会出现由于器件的非线性特性而引起的非线性失真。但若输入信号幅度很小，只要不在输出特性的饱和区和截止区，三极管的电压和电流变化范围也很小。在这个小范围内，三极管电压和电流的关系基本上是线性，这时三极管就可以用一个线性电路来替代，这就是三极管的微变等效电路。

下面讨论如何将三极管等效成线性电路。假设三极管采用共射极连接方式，电压电流方向及符号如图 1-33 所示。

（1）输入电路

共发射极接法电路中三极管的输入特性曲线如图 1-34（a）所示。当输入信号很小时，在输入特性 Q 点（又称静态工作点）附近，特性曲线基本上是一段直线，即可认为 Δi_B

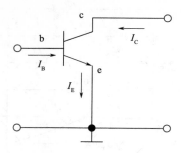

图 1-33　三极管共射极连接

与 Δu_{BE} 成正比，因此可以用一个线性电阻 r_{be} 来表示这种关系，即

$$r_{be} = \frac{\Delta u_{BE}}{\Delta i_B}\bigg|_{u_{CE}=常数}\tag{1-21}$$

因此，输入回路中三极管的 b、e 之间可以用电阻 r_{be} 来等效。r_{be} 是一个动态电阻，它只与 Q 点位置有关，而与输入的小信号电压无关。r_{be} 通常用下式来估算

$$r_{be} = 300 + (1 + \beta)\frac{26(mV)}{I_E(mV)}\tag{1-22}$$

式中，I_E 为静态发射极电流。若 I_E 发生变化时，三极管的输入电阻 r_{be} 也会随之变化，故又称动态电阻。

（2）输出电路

从图 1-34（b）中的输出特性看，假定在 Q 点附近特性曲线基本上是水平的，即 Δi_C 与 Δu_{CE} 无关，而只取决于 Δi_B；在数量关系上 Δi_C 比 Δi_B 大 β 倍；所以从三极管的输出端看进去，可以用一个大小为 $\beta\Delta i_B$ 的恒流源来代替三极管。但是这个恒流源是一个受控源而不是独立源。受控源实质上体现了基极电流 i_B 对集电极电流 i_C 的控制作用。这样得到了如图 1-35（b）中所示的微变等效电路。在这个电路中忽略了 u_{CE} 对 i_C 的影响，也没有考虑 u_{CE} 对输入特性的影响，所以称之为简化的 h 参数（hybrid，混合参数）微变等效电路。

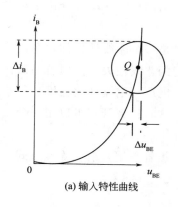

(a) 输入特性曲线

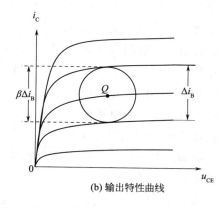

(b) 输出特性曲线

图 1-34　共射极连接的输入输出特性曲线图

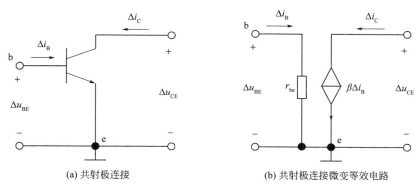

(a) 共射极连接　　　　　　　　(b) 共射极连接微变等效电路

图 1-35　三极管简化 h 参数微变等效电路

严格来说，三极管的输出特性曲线并不完全平行于横轴，即 i_C 不仅与 i_B 有关，而且与 u_{CE} 有关，当 u_{CE} 增大时，i_C 也随之增大，在 i_B 为常数时，用 r_{ce} 来表示它们之间的关系，即

$$r_{ce} = \frac{u_{CE}}{i_C} \bigg|_{i_B = 常数} \tag{1-23}$$

将 r_{ce} 称为三极管的输出电阻。若考虑 u_{CE} 的影响，则三极管的输出回路仍然可看成是一个受控电流源，但此受控电流源具有内阻 r_{ce}，等效电路图如图 1-35 所示。通常 r_{ce} 的阻值很高，一般在几十千欧到几百千欧，这个阻值远大于外接的负载电阻，因而可以忽略不计。所以在工程计算中通常采用简化的微变等效电路来进行计算。

1.4　绝缘栅型场效应管

前面介绍的半导体三极管称为双极型三极管（英文缩写为 BJT），这是因为在这一类三极管中，有两种极性的载流子参与导电：既有多数载流子也有少数载流子。下面介绍另一种类型的三极管，它们依靠一种极性的载流子（多数载流子）参与导电，所以称为单极型三极管。又因为这种管子是利用电场效应来控制电流的，所以也称为场效应管。

场效应管按其结构的不同，可分为两种类型：结型场效应管和绝缘栅型场效应管（又称 MOS 管）。结型场效应管是利用半导体内的电场效应工作的，绝缘栅型场效应管是利用半导体表面的电场效应工作的。绝缘栅型场效应管由于制造工艺简单，便于集成，因此得到了迅速发展。本书仅介绍绝缘栅型场效应管。

1.4.1　场效应管的基本结构及工作原理

绝缘栅型场效应管按其工作状态可分为增强型和耗尽型两类，每一类又有 N 型沟道和 P 型沟道之分，N 沟道载流子为电子，P 沟道载流子为空穴。因此，共有四种类型场效应管。下面以 N 沟道增强型 MOS 管为主，介绍它们的结构及工作原理。

（1）结构

N 沟道增强型 MOS 场效应管的结构示意图如图 1-36（a）所示，图 1-36（b）为其电路符号。用一块掺杂浓度较低的 P 型硅片作为衬底,在其表面上覆盖一层二氧化硅(SiO$_2$)的绝缘层,再在二氧化硅层上刻两个窗口,通过扩散形成两个高掺杂的 N 区(用 N$^+$ 表示),并在 N$^+$ 和二氧化硅的表面各自喷上一层金属铝,分别引出源极 S、漏极 D 和控制栅极 G,栅极与其他电极之间是绝缘的。衬底也引出一根引线,用 B 表示,通常情况下将它与源极在管子内部相连。

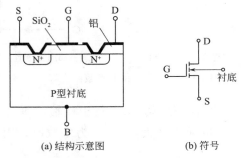

(a) 结构示意图   (b) 符号

图 1-36　N 沟道增强型 MOS 场效应管的结构示意图及符号

(2) 工作原理

绝缘栅型场效应管是利用 U_{GS} 来控制"感应电荷"的多少,以改变由这些"感应电荷"形成的导电沟道的状况,然后达到控制漏极电流 I_D 的目的。

对于 N 沟道增强型的 MOS 场效应管,当 $U_{GS}=0$ 时,在漏极和源极的两个 N$^+$ 区之间是 P 型衬底,因此漏、源之间相当于两个背靠背的 PN 结(图 1-37),无论漏、源之间加何种极性电压,总是不导电,即 $I_D=0$。

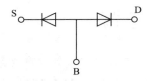

图 1-37　N 沟道增强型 MOS 管漏、源间等效 PN 结

当 $U_{GS}>0$ 时(为讨论方便,假设 $U_{DS}=0$),则在二氧化硅的绝缘层中,产生一个垂直半导体表面,由栅极指向 P 型衬底的电场。这个电场排斥空穴吸引电子,当 $U_{GS}\geqslant U_T$ 时,在绝缘栅下的 P 型区中形成了一层以电子为主的 N 型层。由于源极和漏极均为 N$^+$ 型,故此 N 型层在漏、源极间形成电子导电的沟道,称为 N 型沟道。U_T 称为开启电压,此时漏、源极间加 U_{DS},则开成电流 I_D。显然,改变 U_{GS} 则可以改变沟道的宽窄,即改变沟通电阻大小,从而控制漏极电流 I_D 的大小。由于这类场效应管在 $U_{GS}=0$ 时 $I_D=0$,只有在 $U_{GS}>U_T$ 后才出现沟道,形成电流,故称为增强型。上述过程如图 1-38 所示。

耗尽型 MOS 场效应管是在制造过程中,预先在二氧化硅绝缘层中掺入大量的正离子,因此,$U_{GS}=0$ 时,这些正离子产生的电场也有在 P 型衬底中"感应"出足够的电子,形成 N 型导电沟道,如图 1-39(a)所示,图 1-39(b)为其电路符号。所以当 $U_{DS}>0$ 时,将产生较大的漏极电流 I_D。

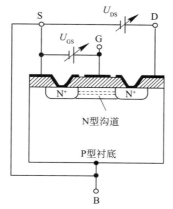

图 1-38　$U_{GS}>U_T$ 时形成导电沟道

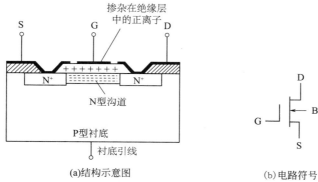

(a) 结构示意图　　　　　　　　　　(b) 电路符号

图 1-39　N 沟道耗尽型 MOS 管结构示意图

1.4.2　场效应管的特性曲线

N 沟道增强型 MOS 场效应管的转移特性和漏极特性如图 1-40 所示。

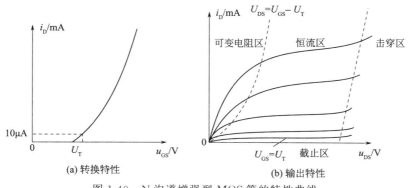

(a) 转换特性　　　　　　　　　　(b) 输出特性

图 1-40　N 沟道增强型 MOS 管的特性曲线

（1）转移特性

转移特性是指在 U_{DS} 一定时，漏极电流 I_D 与栅源电压 U_{GS} 之间的关系，即

$$I_D = f(U_{GS})\,|_{U_{DS}=\text{常数}} \tag{1-24}$$

由图 1-40（a）所示的转移特性可以看出，栅极电压对漏极电流的控制作用，说明场

效应管是电压控制器件。

（2）输出特性

输出特性是指漏极电流 I_D 与漏源电压 U_{DS} 之间的关系，即

$$I_D = f(U_{DS})|_{U_{GS}=常数} \tag{1-25}$$

当 U_{GS} 为不同数值时就可得到一组曲线，当 U_{GS} 为某一数值时，改变 U_{DS} 可得到一条输出特性，如图 1-40（b）所示。

输出特性分为以下四个区域。

① 可变电阻区。

在这个区域内，增大 U_{GS}，特性曲线的斜率加大，I_D 随 U_{DS} 的增加上升更为显著，漏源之间相当于一个受栅源电压控制的可变电阻。

② 饱和区（放大区）。

当 U_{DS} 大于一定值后，I_D 几乎不随 U_{DS} 增加而上升，表现为恒流特性，但 I_D 受 U_{GS} 控制。在这个区域，场效应管相当于一个电压控制电流源。场效应管用于放大时就工作在这个区域。

③ 夹断区。

当 $U_{GS} < U_P$ 时，场效应管工作在夹断状态，这时 $I_D = 0$。

④ 击穿区。

当 U_{DS} 过大时，会使场效应管的 PN 结击穿，I_D 急剧上升，甚至烧坏管子。

N 沟道耗尽型 MOS 场效应管的特性曲线如图 1-41 所示，其结构示意图及符号如图 1-42 所示。

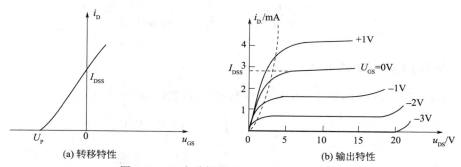

图 1-41　N 沟道耗尽型 MOS 管的特性曲线

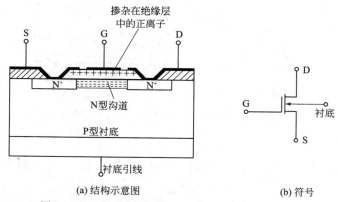

图 1-42　N 沟道耗尽型 MOS 管结构示意图及符号

如果 $U_{GS}<0$ 时，则它将削弱正离子所形成的电场，使 N 沟道变窄，从而使 I_D 减小。当 U_{GS} 更负，达到某一数值时沟道消失，$I_D=0$。使 $I_D=0$ 的 U_{GS} 称为夹断电压，仍用 U_P 表示。

1.4.3　场效应管的主要参数

（1）开启电压 U_T

U_T 是增强型场效应管的一个重要参数。它的定义是当 U_{DS} 一定时，使漏极电流达到某一数值时所需加的 U_{GS} 值。N 沟道增强型 MOS 管的 U_T 为正值，P 沟道增强型 MOS 管的 U_T 为负值。

（2）夹断电压 U_P

U_P 是耗尽型场效应管的一个重要参数。它的定义是当 U_{DS} 一定时，使 I_D 减小到某一个微小电流时所需的 U_{GS} 值。N 沟道耗尽型 MOS 管的 U_P 为负值，P 沟道耗尽型 MOS 管的 U_P 为正值。

（3）低频跨导 g_m

g_m 用来描述栅源之间的电压 U_{GS} 对漏极电流 I_D 的控制作用。它的定义是当 U_{DS} 一定时，I_D 与 U_{GS} 的变化量之比，即

$$g_m = \frac{\Delta I_D}{\Delta U_{GS}}\bigg|_{U_{DS}=\text{常数}} \tag{1-26}$$

跨导 g_m 是表征场效应管放大能力的一个重要参数，它的单位是 mA/V。

（4）直流输入电阻 R_{GS}

R_{GS} 是栅源电压和栅极电流的比值。因为场效应管的栅极几乎不取电流，所以其输入电阻很高，绝缘栅场效应管的输入电阻一般大于 $10^9\,\Omega$。

（5）最大漏极电流 I_{DM}

I_{DM} 是指管子在工作时允许的最大漏极电流。

（6）最大耗散功率 P_{DM}

场效应管的漏极耗散功率等于漏极电流与漏源之间电压的乘积，即 $P_{DM}=I_D U_{DS}$。这部分功率将转化为热能，使管子温度升高。P_{DM} 是决定管子温升的参数，在使用时不要超过这一极限值。

（7）漏源击穿电压 $U_{(BR)DS}$

这是在场效应管漏极特性曲线上，当漏极电流 I_D 急剧上升产生雪崩击穿时的 U_{DS}。工作时外加在漏源之间的电压不得超过此值。

1.4.4　场效应管的微变等效电路

绝缘栅型场效应管的栅源之间为一层绝缘物质，即使在栅源之间加入电压，栅、源间也没有电流，因而管子的输入电阻很高，一般可以认为其栅、源极间开路。

当场效应管工作在饱和区，表现出恒流特性，漏极电流的变化量 ΔI_D 与栅、源极间的电压变化量 ΔU_{GS} 成比例变化，即

$$\Delta I_D = g_m \Delta U_{GS} \ \text{或}\ i_d = g_m u_{gs} \tag{1-27}$$

因此输出回路可等效为电压控制的受控电流源。场效应管小信号的微变等效电路如图

1-43 所示。

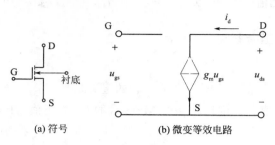

(a) 符号　　　　　　　(b) 微变等效电路

图 1-43　场效应管小信号的微变等效电路

思考题及习题

1. 什么是本征半导体？什么是杂质半导体？各有什么特征？

2. 杂质半导体中的多数载流子和少数载流子是如何产生的？杂质半导体中少数载流子的浓度与本征半导体中载流子的浓度相比，哪个大，为什么？

3. N 型半导体是在本征半导体中掺入 _____ 价元素，其多数载流子是 _____ ，少数载流子是 _____ ；P 型半导体是在本征半导体中掺入 _____ 价元素，其多数载流子是 _____ ，少数载流子是 _____ 。

4. PN 结具有 _____ 性能，即加正向电压时，PN 结 _____ ，加反向电压时，PN 结 _____ 。

5. 晶体二极管按所用的材料可分为 _____ 和 _____ 两类，按 PN 结的结构特点可分为 _____ 和 _____ 两种。

6. 什么是二极管的死区电压？它是如何产生的？硅管和锗管的死区电压典型值是多少？

7. 稳压二极管是利用二极管的 _____ 特性进行稳压的。

8. 二极管电路如图 1-44 所示，已知输入电压，忽略二极管的正向压降和反向电流，试分别画出输出电压的波形。

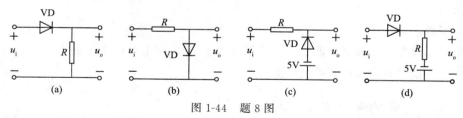

图 1-44　题 8 图

9. 电路如图 1-45 所示，试画出输出电压的波形。

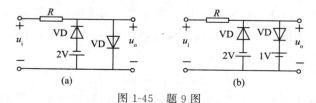

图 1-45　题 9 图

10. 由二极管组成电路如图 1-46 所示，试确定各电路中的输出电压，并分析二极管的工作状态，设二极管的正向压降为 0.3V。

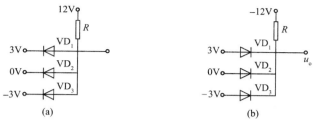

图 1-46　题 10 图

11. 由晶体三极管的输出特性可知，它在_____、_____和_____三个区域。

12. 晶体三极管的电流放大作用，是通过改变_____电流来控制_____电流的，其实质是以_____电流控制_____电流。

13. 为了使三极管能有效地起到放大作用，要求三极管的发射区掺杂浓度_____，基区宽度_____，集电结面积比发射结面积_____。

14. 当温度升高时，三极管的 β_____，反向饱和电流 I_{CBO}_____，电压 U_{BE}_____。

15. 测得某些电路中三极管各极的电位如图 1-47 所示，试判断各三极管分别工作在饱和区、截止区还是放大区。

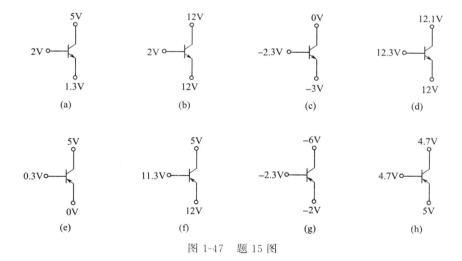

图 1-47　题 15 图

16. 根据下面测得的三个电极的电位，试判断晶体管的各电极，并说明晶体管是硅管还是锗管，是 NPN 型还是 PNP 型？

（1）$U_1 = 6V$，$U_2 = 2V$，$U_3 = 1.3V$；

（2）$U_1 = 5V$，$U_2 = 10V$，$U_3 = 10.3V$；

（3）$U_1 = -6V$，$U_2 = -2V$，$U_3 = -2.3V$；

17. 试画出 PNP 型晶体管的微变等效电路，并标出各级电流的方向。

18. 如果测得一个放大电路中，其三极管直流电压 $U_{CE} < 0.5V$，则此三极管处于_____

_____状态（放大、饱和、截止）。

19. 场效应管是通过改变_____来改变漏极电流的，所以它是一个_____器件。

20. 放大电路的输出电阻小，向外输出信号时，自身损耗小，有利于提高_____
_____。

第2章
交流放大电路

本章学习要点：放大电信号处理中最基本和最重要的环节，在许多实际应用电路中，放大电路可以将微弱的、变化的小电信号放大到需要的幅度，以便对于电信号进行更多形式的处理。通常交流放大电路是由电压放大电路和功率放大电路组成，而且常常是多级放大电路。同时，放大电路又是其他信号处理电路（如有源滤波电路、振荡电路）的基础组成部分。

本章的主要内容是由几种半导体元件构成的基本放大电路，包括共发射极放大电路、共集电极放大电路、差动放大电路、多级放大电路以及功率放大电路。在以下各节中，将详细讨论这些电路的结构、工作原理、分析和计算方法，以及电路的特点和典型应用。

2.1 共发射极放大电路

2.1.1 放大电路的基本概念

（1）放大电路的功能

放大电路的功能是利用三极管的电流控制作用，或者场效应管的电压控制作用，把微小信号（电压、电流、功率等）不失真的放大到所需值，将直流电源功率转换成一定强度的、随输入信号变化的输出信号。

放大电路组成的原则是必须有直流电源，而且直流电源的设置应保证三极管或场效应管等能量控制元件工作在线性放大状态；电路的设计要能保证信号的传输，即保证信号由输入端输入，经放大后由输出端输出，元件参数的设置要保证信号经过放大后不失真。失真的大小是衡量放大器最重要的指标之一。

通常的放大电路由三部分组成：信号源、放大器和负载，如图 2-1 所示。在自动控制和测量系统中，通常使用各种传感器将光、热、压力等转换为较微弱的电信号，这就形成了电路的信号源。通过放大电路进行电压或功率的放大，从而获得足够的功率，推动负载工作。

（2）放大电路的分类和性能参数

按三极管在放大电路中的连接方式可分为：共发射极电路、共集电极电路和共基极电

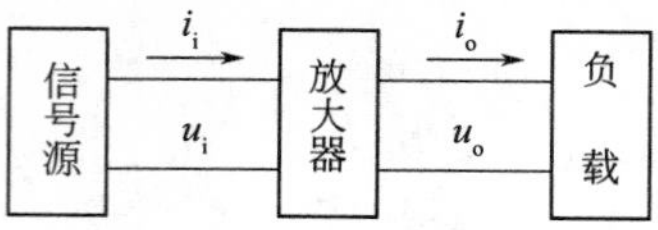

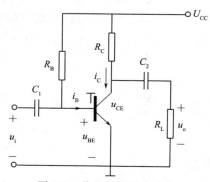

图 2-1　放大电路结构图

路；按放大电路的工作对象可分为：电压放大电路、电流放大电路和功率放大电路；按电路工作频率可分为：低频放大电路、高频放大电路和宽带放大电路。

为了描述和衡量放大电路性能的优劣，引入了放大电路的放大倍数、输入电阻、输出电阻、通频带、非线性失真系数等参数。除此之外，还有最大输出电压、功率放大倍数、输出功率和效率等指标用来衡量放大电路的性能。本章中主要讨论放大电路的电压放大倍数 A_u、输入电阻 r_i 和输出电阻 r_o。

2.1.2　基本放大电路的工作原理

（1）放大电路的组成

共发射极放大电路时最基本的放大电路，结构如图 2-2 所示，电路中包含信号源、放大电路和负载三个部分。放大电路由三极管 T、基极偏置电阻 R_B、集电极电阻 R_C、耦合电容 C_1、C_2 和直流电源 U_{CC} 组成。

图 2-2　共发射极放大电路

放大电路的核心元件是三极管 T，直流电源 U_{CC} 一方面保证晶体管的发射结加正向电压，集电结加反向电压，同时供给整个电路能源，输出信号能力的来源就是直流电源。集电极电阻 R_C 形成了集电极的直流通路，使集电极直流电源电压通过 R_C 加在集电结上，同时，R_C 又作为负载电阻，将三极管放大后的集电极电流转化为输出电压 u_o，使放大器具有电压（功率）放大的功能。基极电阻 R_B 与直流电源 U_{CC} 配合保证发射结正向偏置，为晶体管提供合适的静态基极电流（偏置电流）。电容 C_1 和 C_2 称为耦合电容，提供了信号源和放大器之间、放大器和负载之间的交流信号通路，而阻隔了直流电路的作用。R_L 为电路的负载，u_i 为输入信号，u_o 为输出信号，由于输入信号和输出信号的公共端是发射极，所以此电路称为共发射极放大电路。

（2）放大电路的工作原理

在输入信号 $u_i=0$ 时，放大电路的工作状态称为静态。选择合适的电路参数，使三极管处于放大状态，此时 C_1 和 C_2 之间的放大器之间有静态电流 I_B、I_C 和电压 U_{BE}、U_{CE}，这些电流和电压的数值称为放大电路的静态工作点。

当输入信号 $u_i \neq 0$ 时，放大电路的工作状态称为动态。由于输入端时变电压 u_i 的作用，在晶体管的基极产生对应的时变电流 i_b，在三极管的电流放大作用下，电路输出端产生对应的时变电流 i_c，如果三极管工作在线性放大区，则有 $i_c = \beta i_b$，i_c 的一部分经过电容 C_2 在 R_L 上产生电压降，这就是输出电压 u_o。由于电流放大倍数 β 一般在几十以上，因此，只要电路参数选择合适，输出电压 u_o 将远大于输入电压 u_i，从而实现放大作用。

上面分析的放大电路由 NPN 型三极管构成，对于由 PNP 型三极管构成的放大电路，其电路形式是一样的，只需要根据三极管处于放大区的要求（发射结正偏、集电结反偏），将图 2-2 中的电源极性改为负电压即可。这两种放大电路的静态和动态分析方法是一样的，本书主要以 NPN 型三极管构成的放大电路为分析对象。

2.1.3　放大电路的静态分析

放大电路的工作状态有静态和动态两种，静态时指放大电路没有输入信号时的工作状态，动态是指具有输入信号时的工作状态，这样，放大电路的分析相应的有静态分析和动态分析两种。

静态分析是要确定放大器的静态值：I_{BQ}、I_{CQ}、U_{CEQ} 和 U_{BEQ}，由这些值构成直流工作点，又称为静态工作点 Q，Q 在输入、输出特性曲线中的位置，决定了放大器是否工作在放大状态。静态工作点的选择对放大电路的动态性能有很大的影响。放大电路的动态分析主要用于确定电路的电压放大倍数 A_u、输入电阻 R_i 和输出电阻 R_o，分析放大电路的动态工作范围，输出波形的失真等。

本节主要介绍放大电路的静态分析。

（1）静态值的计算

放大电路的静态分析就是在输入信号 $u_i = 0$，并已知电路参数的情况下，求三极管的电流 I_B、I_C 和电压 U_{BE}、U_{CE} 的值。静态分析的方法有两种：估算法和图解法。

由于静态值是直流量，故可以利用放大电路的直流通路来计算静态工作点，具体步骤如下。

① 画出放大电路的直流通路。

由于电容有隔离直流的作用，对直流相当于开路，由此可画出图 2-2 所示的放大电路的直流通路图 2-3。

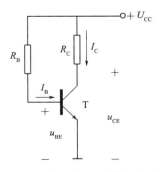

图 2-3　基本放大电路的直流通路

② 求静态时的基极电流 I_{BQ}。

$$I_{BQ} = \frac{U_{CC} - U_{BE}}{R_B} \tag{2-1}$$

二极管导通时，U_{BE} 的变化很小，可视为常数。通常硅管：$U_{BE} = 0.6 \sim 0.8V$，取 $0.7V$。锗管：$U_{BE} = 0.1 \sim 0.3V$，取 $0.3V$。U_{CC} 和 R_B 选定后，I_{BQ} 即为固定值。

③ 求集电极电流 I_{CQ}。

根据三极管的电流关系，可求出静态工作点的集电极电流值 I_{CQ}。

$$I_{CQ} = \beta I_{BQ} \tag{2-2}$$

由集电极回路求 U_{CEQ}

$$U_{CEQ} = U_{CC} - I_{CQ} R_C \tag{2-3}$$

需要强调的是，式（2-2）只有在三极管工作在放大区时才能成立。

【例 2-1】在如图 2-3 电路中，采用 NPN 型硅三极管。已知：$U_{CC} = 12V$，$R_B = 300k\Omega$，$R_C = 4k\Omega$，$\beta = 50$，取 $U_{BE} = 0.7V$。求：① 用估算法求静态值 I_B、I_C 和 U_{CE}；② 若 $R_B = 210k\Omega$，再求静态值，并说明静态工作点是否合适？为什么？

解：① 根据图 2-3 所示的直流通路，由式（2-1）得基极电流

$$I_{BQ} = \frac{U_{CC} - U_{BE}}{R_B} = \frac{12 - 0.7}{300 \times 10^3} \approx 0.04mA$$

由式（2-2）得集电极电流

$$I_{CQ} = \beta I_{BQ} = 50 \times 0.04 = 2mA$$

由式（2-3）得

$$U_{CEQ} = U_{CC} - I_{CQ} R_C = 12 - 2 \times 4 = 4V$$

② 当 $R_B = 150k\Omega$ 时，

$$I_{BQ} = \frac{U_{CC} - U_{BE}}{R_B} = \frac{12 - 0.7}{150 \times 10^3} \approx 0.08mA$$

假设三极管仍处于放大状态，则

$$I_{CQ} = \beta I_{BQ} = 50 \times 0.08 = 4mA$$

$$U_{CEQ} = U_{CC} - I_{CQ} R_C = 12 - 4 \times 4 = -4V$$

显然上述假设是错误的，因为 U_{CEQ} 不可能为负值。当集电极电位小于基极电位时，三极管已由放大区进入饱和区，已不能再使用式（2-2）。由上面的例题可见，若静态工作点不合适，则三极管可能不会工作在放大区。即使三极管的静态工作点在放大区，但如果 Q 点的位置选择不合适，在有交流信号输入时，三极管可能进入饱和区或截止区，从而出现失真现象。

（2）图解法分析

图解法是利用在三极管的输入特性和输出特性曲线上作直流负载线的方法求得放大电路的静态值。

在如图 2-3 所示的放大电路中，其三极管输入端伏安特性为图 2-4（a）所示的特性曲线 $I_B = f(U_{BE})$。在输入回路中，电压与电流之间有如下关系：

$$U_{CC} = i_B R_B + u_{BE}$$

在伏安特性曲线坐标系中画出一条满足上式关系的直线，称为输入回路直流负载线。该直线同输入特性曲线的交点 Q 即为静态工作点，Q 点的坐标$(I_B，U_{BE})$即是静态值。

输出回路的电压和电流关系式为

$$U_{CC} = i_C R_C + u_{CE}$$

称为输出回路直流负载线方程，在输出特性曲线坐标系下画出一条满足上式关系的直线，称为输出回路直负载线，如图 2-4（b）所示。该直线与$i_B = I_{BQ}$的输出特性曲线交点，就是静态工作点 Q，其相对应的坐标值$(I_{CQ}，U_{CEQ})$即为静态值。

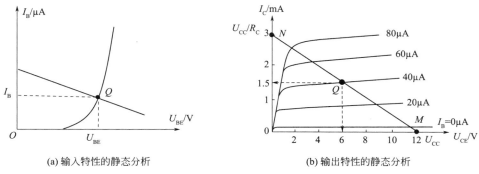

(a) 输入特性的静态分析　　　　　(b) 输出特性的静态分析

图 2-4　利用图解法进行静态分析

使用图解法求静态工作点步骤如下：

① 在输入特性曲线坐标系中，绘制直流负载方程，得到静态工作点坐标值$(I_B，U_{BE})$；

② 在输出特性曲线坐标系中，绘制直流负载方程曲线；

③ 找出$i_B = I_{BQ}$这条输出特性曲线，与直流负载方程的交点即为 Q 点。Q 点坐标的电流与电压值即为所求。

2.1.4　放大电路的动态分析

当放大电路输入端有输入信号u_i时，晶体管各个电极的电流及电极之间的电压在静态值的基础上，叠加交流分量，此时需对电路进行动态分析。放大电路的动态分析方法有微变等效电路法和图解法，主要任务是对放大电路有关电流、电压的交流分量之间关系再作分析。利用晶体管的微变等效电路可以求出电路的电压放大倍数$\dot{A}_u$、输入电阻R_i、输出电阻R_o等动态指标，图解法则适用于分析放大电路的动态工作范围、输出波形的失真等。

2.1.4.1　微变等效电路法

"微变"即交流小信号，"等效电路"是指在一定条件下将非线性的三极管用线性电路模型来等效代替。"一定条件"是指应使输入信号满足交流小信号条件，且信号频率处于放大电路的中频段。三极管作为非线性元件，在一定的小范围内，可用直线度近似地代替三极管的特性曲线，将三极管线性化，用线性的元件来等效代替非线性元件，从而得到三极管的微变等效电路。下面介绍三极管微变等效模型建立过程。

（1）三极管的微变等效模型

三极管的输入特性曲线如图 2-5 所示，当输入信号很小时，Q 点附近电流、电压的变化可认为是线性的，即 Q 点附近的线段近似直线段，可以用一个线性电阻 r_{be} 来表示这种关系，它是一个动态电阻，与静态工作点 Q 的位置有关，r_{be} 大小与三极管的 I_{EQ} 有关。

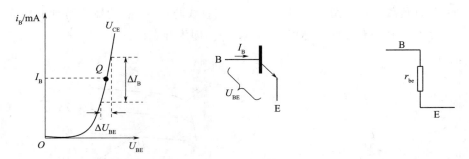

图 2-5　三极管输入等效电路

$$r_{be} = 300 + (1 + \beta) \frac{26(\text{mV})}{I_{EQ}(\text{mA})}$$

式中，I_{EQ} 是三极管发射极电流的静态值，r_{be} 的值一般为几百欧到几千欧，随 I_{EQ} 的变化而变化。

在图 2-6 中，三极管的输出伏安特性在放大区的中间可以看成一组等距离的平行线，由图中可以看到，三极管在放大区时有与恒流源相似的性质（理想恒流源的内阻无穷大），并且，每一条特性曲线的集电极电流 I_C 受基极电流 I_B 的控制。所以在微变等效电路中，把三极管的输出回路集电极与发射极之间等效成一个受控恒流源：

$$I_C = \beta I_B$$

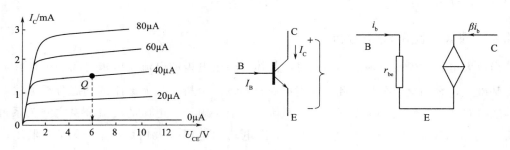

图 2-6　三极管输出等效电路

（2）放大电路的微变等效电路

当放大电路中输入交流信号 u_i 时，如果耦合电容 C_1、C_2 的容量足够大时，容抗很小，则 C_1、C_2 可视作短路。对理想的直流电压源 U_{CC}，由于其电压恒定不变，故对交流信号相当于短路。因此只要将 C_1、C_2 和 U_{CC} 看成短路线，即可画出放大电路的交流通路。图 2-2 所示的电路可等效为图 2-7 所示的交流通路，将三极管使用微变等效电路代替，即可得到放大电路的微变等效电路，如图 2-8 所示。通过对等效电路的分析，计算电压放大倍数 $\dot{A}_u$、输入电阻 R_i、输出电阻 R_o 等动态指标。

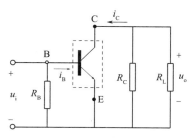

图 2-7 基本放大电路的交流通路

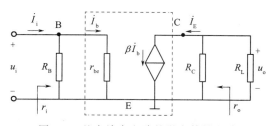

图 2-8 基本放大电路的微变等效电路

（3）放大电路的动态分析

① 电压放大倍数 $\dot{A}_u$。

电压放大倍数是衡量放大器能力的重要指标。由图 2-8 所示的微变等效电路，可得放大电路的输入电压为：

$$\dot{U}_i = \dot{I}_b \, r_{be}$$

输出电压为：

$$\dot{U}_o = -\dot{I}_c (R_C \mathbin{/\mkern-5mu/} R_L) = -\beta \dot{I}_b R'_L$$

其中，$R'_L = R_C \mathbin{/\mkern-5mu/} R_L$，称为放大电路的等效负载电阻。由此可得电压的放大倍数为

$$\dot{A}_u = \frac{\dot{U}_o}{\dot{U}_i} = \frac{-\beta \dot{I}_b R'_L}{\dot{I}_b r_{be}} = -\beta \frac{R'_L}{r_{be}} \tag{2-4}$$

式中，负号表示输出电压与输入电压的相位差为 180°，影响电压放大倍数的参数 β 和 r_{be} 均为静态工作点的值，当放大器的输出端接有负载电阻 R_L 时，所对应的电压放大倍数 $\dot{A}_u$ 比放大器输出端空载时要小。

② 输入电阻 R_i。

放大电路的输入电阻是从电路的输入端看进去的等效电阻，定义为输入电压与输入电流的比值，即

$$\dot{R}_i = \frac{\dot{U}_i}{\dot{I}_i}$$

在输入回路中

$$\dot{I}_i = \frac{\dot{U}_i}{R_B} + \frac{\dot{U}_i}{r_{be}}$$

$$\frac{1}{R_i} = \frac{\dot{I}_i}{\dot{U}_i} = \frac{1}{R_B} + \frac{1}{r_{be}} \tag{2-5}$$

$$R_i = R_B \mathbin{/\mkern-5mu/} r_{be}$$

R_i是衡量放大器对信号源电压衰减程度的一个参数。显然R_i值越大，从信号源索取的电流也会越小，对信号的影响越小。通常在电路中$R_B \gg r_{be}$，因此在数值上有$r_i \approx r_{be}$。

③ 输出电阻R_o。

放大电路的输出电阻R_o是从输出端向放大器看去的等效电阻，含一个受控源的电路。电路的输出电阻可在信号源短路（$\dot{U}_i = 0$）和输出端开路（$R_L = \infty$）的条件下求得。外加电压源在r_{be}中产生的基极电流为零，集电极电流也为零，受控电流源开路。因此得到放大电路的输出电阻R_o为集电极电阻R_C，即

$$R_o = R_C \tag{2-6}$$

放大电路的输出电阻越小，输出电压受负载的影响越小，所以通常用R_o来衡量放大电路的带负载能力。需要强调的是，输入电阻R_i和输出电阻R_o都是动态电阻，针对交流信号而言的。

【例2-2】电路如图2-9（a）所示。已知：$U_{CC} = 12V$，$R_B = 300k\Omega$，$R_C = R_L = 3k\Omega$，设晶体管为硅管，$\beta = 50$。求：

① 计算放大电路的静态工作点；

② 计算放大电路的动态指标$\dot{A}_u$、R_i和R_o。

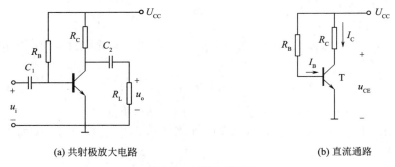

(a) 共射极放大电路　　　　　　　　(b) 直流通路

图2-9　【例2-2】图

解：①为确定电路的静态工作点，画出直流通路如图2-9（b）所示。

由式（2-1）～式（2-3）可得：

$$I_{BQ} = \frac{U_{CC} - U_{BE}}{R_B} = \frac{12 - 0.7}{300} \approx \frac{12}{300} = 0.04mA$$

$$I_{CQ} = \beta I_{BQ} = 50 \times 0.04 = 2mA$$

$$U_{CEQ} = U_{CC} - I_{CQ} R_C = 12 - 2 \times 3 = 6V$$

$$I_{EQ} = I_{BQ} + I_{CQ} = 0.04 + 2 = 2.04mA$$

② 微变等效电路如图2-10所示，C_1、C_2及直流电源U_{CC}均作短路处理。

电压放大倍数：

$$r_{be} = 300 + (1 + \beta) \frac{26}{I_{EQ}} = 300 + 51 \times \frac{26}{2.04} = 0.95k\Omega$$

$$R'_L = R_C /\!/ R_L = \frac{3 \times 3}{6} = 1.5k\Omega$$

$$\dot{A}_u = \frac{\dot{U}_o}{\dot{U}_i} = -\beta \frac{R'_L}{r_{be}} = 78.94$$

输入电阻：

$$R_i = R_B \mathbin{/\mkern-5mu/} r_{be} \approx r_{be} = 0.95\text{k}\Omega$$

输出电阻：
$$R_o = R_C = 3\text{k}\Omega$$

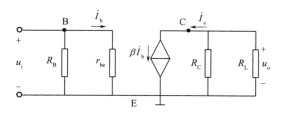

图 2-10　微变等效电路图

【例 2-3】计算图 2-11 所示共射极偏置电路的静态工作点及动态参数 $\dot{A}_u$、R_i 和 R_o。已知：晶体管为硅管，$\beta = 50$，$R_B = 300\text{k}\Omega$，$R_C = R_L = 3\text{k}\Omega$，$R_E = 0.5\text{k}\Omega$，$U_{CC} = 12\text{V}$。

解：通过图 2-12 所示的直流通路，确定电路的静态工作点。

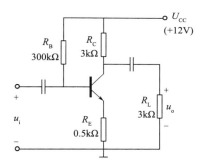

图 2-11　共射极偏置电路

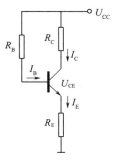

图 2-12　直流通路

输入回路电压方程为：

$$U_{CC} = I_{BQ}R_B + U_{BEQ} + I_{EQ}R_E$$

由式 $I_{EQ} = I_{BQ} + I_{CQ} = (1+\beta)I_{BQ}$，上式可以转化为：

$$I_{BQ} = \frac{U_{CC} - U_{BEQ}}{R_B + (1+\beta)R_E} = \frac{12 - 0.7}{300 + (1+50) \times 0.5} = 0.035\text{mA}$$

$$I_{CQ} = \beta I_{BQ} = 50 \times 0.035 = 1.75 \text{mA} \approx I_{EQ}$$

由输出回路电压方程可得：

$$U_{CEQ} = U_{CC} - I_{CQ} R_C - I_{EQ} R_E = 12 - 1.75 \times (3 + 0.5) = 5.875 \text{V}$$

放大电路的交流通路如图 2-13（a）所示，晶体管的发射极通过发射极电阻 R_E 接地，微变等效电路如图 2-13（b）所示。

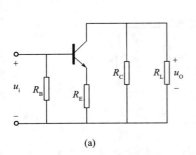
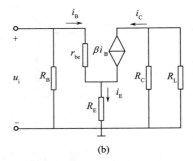

(a)   (b)

图 2-13　射极偏置电路的微变等效电路

对输入回路有：

$$u_i = i_B r_{be} + i_E R_E = [r_{be} + (1 + \beta) R_E] i_B$$

对输出回路有：

$$u_o = -i_C R_C \,/\!/\, R_L$$

$$r_{be} = 300 + \beta \frac{26}{I_E} = 300 + 50 \times \frac{26}{1.75} = 1.042 \text{k}\Omega$$

$$\acute{A}_u = \frac{u_o}{u_i} = \frac{-i_C R_C \,/\!/\, R_L}{[r_{be} + (1 + \beta) R_E] i_B} = \frac{-\beta R'_L}{r_{be} + (1 + \beta) R_E}$$

$$\acute{A}_u = \frac{-50 \times 1.5}{1.042 + 51 \times 0.5} = -2.8$$

由电路的微变等效电路同时可得：

$$R_i = R_B \,/\!/\, [r_{be} + (1 + \beta) R_E] = 24 \text{k}\Omega$$

输出电阻为：

$$R_o = R_C = 3 \text{k}\Omega$$

由以上例题可以看出，在引入发射极电阻 R_E 后，电压的放大倍数减小了，但是输入电阻增大，对输出电阻没有影响。

2.1.4.2　图解法

（1）放大电路的图解分析

微变等效电路法的应用有一定的限制，要求输入信号必须为小信号且晶体管需工作在线性放大区域。对于不能满足这两个条件的电路，通常使用图解法来进行动态分析。特别适用于当放大器出现非线性失真时，图解法分析既方便又直观。

假设在放大电路的输入端增加一个正弦电压 u_i，在输入信号 u_i 的作用下，工作点的变化轨迹为 $Q \rightarrow Q_1 \rightarrow Q \rightarrow Q_2 \rightarrow Q$，$i_B$ 和 u_{BE} 围绕其静态值基本按照正弦规律变化，如图 2-14 所示。在输出特性曲线中，工作点同样沿负载线从 $Q \rightarrow Q_1 \rightarrow Q \rightarrow Q_2 \rightarrow Q$ 变化，因此对应

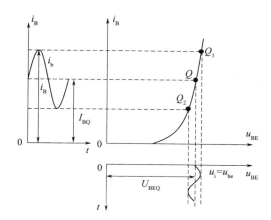

图 2-14　放大电路输入回路分析

的 u_{CE} 和 i_C 的变化轨迹也近似为一条正弦曲线，平均值为静态值。由图 2-15 中可以看出，u_o（即 u_{CE}）的相位与 u_i（即 u_{BE}）的相位刚好相差 180°，这与用微变等效电路法得出的电压放大倍数中的负号是一致的。

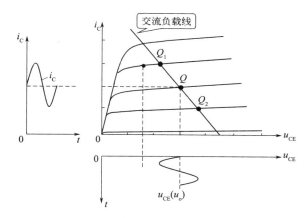

图 2-15　利用图解法进行动态分析

（2）非线性失真分析

图解法的主要作用是分析放大电路的非线性失真。

通常对放大电路的应用有一个基本要求，即输出信号尽可能不失真。所谓失真是指放大器的输出信号波形与输入信号的波形各点不成比例。微变等效电路分析法和图解法应用的前提是三极管应工作在线性放大区，因此放大信号的静态工作点必须选择合适，以保证在交流信号的整个周期内，三极管均应处于放大状态。如果静态工作点位置选择过高或过低，在有交流信号输入时，三极管可能进入饱和区或者截止区，从而引起输出波形失真，这种由于静态工作点位置选择不合适所造成的失真称为非线性失真。

截止失真和饱和失真都是非线性失真，产生此类失真主要是由于静态工作点设置不合适或者输入信号太大，造成放大电路的工作范围超出了晶体管的线性工作范围。消除失真的常用方法是调节偏置电阻 R_B，减小 R_B 使 Q 点上移，可以避免截止失真；增大 R_B 使 Q 点下降，可以避免饱和失真（图 2-16）。

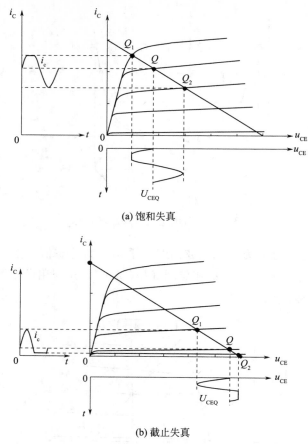

(a) 饱和失真

(b) 截止失真

图 2-16　饱和失真和截止失真

2.2　工作点稳定的放大电路

2.2.1　温度对静态工作点的影响

通过上一节的分析可知，静态工作点在放大电路中是非常重要的，不仅影响放大电路的非线性失真和动态范围，而且还影响晶体管的小信号模型参数，进而影响着放大倍数、输入及输出电阻等性能，因此在设置或调试放大电路时，必须首先设置一个合适的静态工作点。在上面讨论的共射极放大电路中，电路的偏置电流 I_B 与偏置电阻 R_B 成反比［式(2-1)］，当 R_B 不变时，I_B 也不变，故称为固定偏置电路。这种电路虽然简单和容易调整，但电路的静态工作点极易在外部因素（如电源电压的波动、电路参数的变化、三极管老化及温度的变化）的影响下发生移动，从而使得电路产生失真，严重时使放大电路不能正常工作。温度变化引起三极管参数的变化，在导致 Q 点不稳定的诸多因素中是最主要的。

当环境温度升高时，三极管的穿透电流 I_{CEO} 和电流放大倍数 β 将随之增大，在外加发射结电压 U_{BE} 不变的情况下，基极电流 I_B 也会变大，最终使得集电极电流 I_C 变大，静态工作点上移，严重时甚至接近饱和区从而引起失真。在这种情况下，需要改进电路将静态工作点移回到原来的位置，使 I_B 能随温度升高而自动减小，最终使工作点基本稳定。因此，稳定静态工作点的实质是，利用直流负反馈或温度补偿的方法，用 I_B 的变化抵消 I_C 的变化，从而维持静态工作点 Q 基本不变。通常采用分压式偏置电路来实现这一目的。

2.2.2　分压式偏置电路

（1）电路组成

分压式偏置电路如图 2-17 所示，在这个电路中，R_{B1} 和 R_{B2} 分别是上偏置电阻和下偏置电阻，R_E 是发射极电阻，C_E 是发射极交流旁路电容。基极回路采用电阻 R_{B1} 和 R_{B2} 构成分压电路，故而得名。

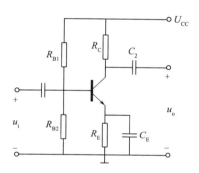

图 2-17　分压式偏置放大电路

（2）稳定静态工作点的原理

分压式偏置电路的直流通路如图 2-18 所示，可得 KCL 方程：

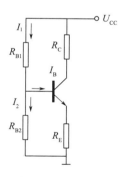

图 2-18　分压式偏置电路的直流通路

$$I_1 = I_2 + I_B$$

为稳定静态工作点，应适当选取参数 R_{B1} 和 R_{B2}，使得 $I_1 \approx I_2 \gg I_B$，则有：

$$I_1 \approx I_2 = \frac{U_{CC}}{R_{B1} + R_{B2}}$$

由此可得基极的电位为：

$$U_{BQ} = \frac{R_{B2}}{R_{B1} + R_{B2}} U_{CC} \tag{2-7}$$

由上式可以看出，基极电位U_{BQ}基本取决于电路参数而与晶体管参数无关，

$$I_{CQ} \approx I_{BQ} = \frac{U_{BQ} - U_{BEQ}}{R_E} \approx \frac{U_{BQ}}{R_E} \tag{2-8}$$

当U_{BQ}和R_E一定时，$I_{CQ} \approx I_{EQ}$基本保持稳定，不仅受温度的影响很小，而且与三极管参数几乎无关。

当温度升高时，分压式偏置电路稳定静态工作点的物理过程可表示如下：

$$T \uparrow \rightarrow I_C \uparrow \rightarrow I_E \uparrow \rightarrow U_E \uparrow \rightarrow U_{BE} \downarrow \rightarrow I_B \downarrow \rightarrow I_C \downarrow$$

在这个电路中，通过电阻R_E将$I_E(I_C)$的变化送回输入端，从而稳定了电路的静态工作点，故而将电路称为分压式电流负反馈偏置电路。

在分压式偏置放大电路中，如果I_1和U_{BQ}越大，稳定静态工作点的作用就越明显。但是I_1不能取过大，否则电流在电阻R_{B1}和R_{B2}上消耗的能量就过大；另外，从交流通路来看，I_1越大就意味着R_{B1}和R_{B2}要取较小的值，会导致电路的输入电阻变小，影响放大器的性能。U_{BQ}的值也不能过大，因为电源电压不可能很高，而且U_{BQ}的值增大必然使得U_{EQ}减小，使得放大器的动态范围变小，这也会影响放大器的性能。综合考虑，一般选取：

硅管：$I_1 = (5 \sim 10) I_{BQ}$　　　$U_{BQ} = (3 \sim 5) U_{BEQ}$

锗管：$I_1 = (10 \sim 20) I_{BQ}$　　　$U_{BQ} = (1 \sim 3) U_{BEQ}$

（3）静态分析

对分压式偏置电路进行静态分析，通常采用估算法来进行计算。由式（2-7）可以估算出基极电流：

$$I_{CQ} \approx I_{EQ} = \frac{U_{BQ} - U_{BE}}{R_E} \tag{2-9}$$

从而有：　　　　　　　　$I_B = I_C / \beta$

$$U_{CE} = U_{CC} - I_C R_C - I_E R_E \approx U_{CC} - I_C (R_C + R_E) \tag{2-10}$$

（4）动态分析

分压式偏置电路的微变等效电路如图 2-19 所示，由此电路图可以得出它的动态量：电压放大倍数A_u、输入电阻R_i和输出电阻R_o。公式如下：

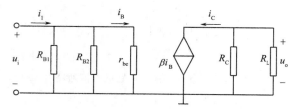

图 2-19　分压式偏置电路的微变等效电路

$$\dot{A}_u = \frac{\dot{U}_o}{\dot{U}_i} = \frac{-\beta \dot{I}_b R'_L}{\dot{I}_b r_{be}} = \frac{-\beta (R_C /\!/ R_L)}{r_{be}} \tag{2-11}$$

$$r_i = \frac{\dot{U}_i}{\dot{I}_i} = R_{B1} \ /\!/ \ R_{B2} \ /\!/ \ r_{be} \tag{2-12}$$

$$r_o = R_C \tag{2-13}$$

【例 2-4】 在图 2-17 所示的分压式偏置电路中，已知：$U_{CC} = 12V$，$R_{B1} = 20k\Omega$，$R_{B2} = 10k\Omega$，$R_C = 3k\Omega$，$R_E = 2k\Omega$，$R_L = 2k\Omega$，晶体管为硅管，$\beta = 50$，电容 C_1、C_2、C_E 足够大。试求：

① 电路的静态工作点；

② 电路的电压放大倍数 $\dot{A}_u$，输入电阻 R_i 和输出电阻 R_o；

③ 计算在不接电容 C_E 时的电压放大倍数 $\dot{A}_u$，输入电阻 R_i 和输出电阻 R_o；

④ 如果换上 $\beta = 100$ 的同类型晶体管，电路参数不变，重新计算静态工作点和电压放大倍数。

解：①用估算法计算静态工作点：

$$U_B = \frac{R_{B2}}{R_{B1} + R_{B2}} U_{CC} = \frac{10}{20 + 10} \times 12 = 4V$$

$$I_{CQ} \approx I_E = \frac{U_B - U_{BEQ}}{R_E} = \frac{4 - 0.7}{2} = 1.65mA$$

$$I_{BQ} = \frac{I_{CQ}}{\beta} = \frac{1.65}{50} = 0.033mA$$

$$U_{CEQ} = U_{CC} - I_{CQ}(R_C + R_E) = 12 - 1.65 \times (2 + 3) = 3.75V$$

②计算动态参数的微变等效电路如图 2-19 所示，由公式可得：

$$r_{be} = 300 + (1 + \beta)\frac{26}{I_{EQ}} = 300 + 51 \times \frac{26}{1.65} = 1.1k\Omega$$

$$R'_L = R_C \ /\!/ \ R_L = \frac{R_C R_L}{R_C + R_L} = \frac{3 \times 2}{3 + 2} = 1.2k\Omega$$

$$\dot{A}_u = -\beta\frac{R'_L}{r_{be}} = -50 \times \frac{1.2}{1.1} = 54.55$$

$$R_i = R_B \ /\!/ \ r_{be} = 20 \ /\!/ \ 10 \ /\!/ \ 1.1 = 0.94k\Omega$$

$$R_o = R_C = 3k\Omega$$

③在不接电容 C_E 时的微变等效电路如图 2-20 所示。

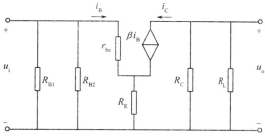

图 2-20　不接电容 C_E 时的微变等效电路

由上图分析得：

$$U_i = i_B r_{be} + i_E R_E = i_B r_{be} + (1+\beta) i_B R_E$$

$$U_o = -i_C (R_C /\!/ R_L) = -\beta i_B R'_L$$

所以

$$\dot{A}_u = \frac{U_o}{U_i} = \frac{-\beta i_B R'_L}{i_B r_{be} + (1+\beta) i_B R_E} = \frac{-\beta R'_L}{r_{be} + (1+\beta) R_E} = -0.58$$

$$r_i = \frac{U_i}{i_B} = r_{be} + (1+\beta) R_E = 1.1 + (1+50) \times 2 = 103.1 \text{k}\Omega$$

$$R_i = r_i /\!/ R_{B1} /\!/ R_{B2} = 103.1 /\!/ 20 /\!/ 10 = 6.26 \text{k}\Omega$$

$$R_o = R_C = 3 \text{k}\Omega$$

由前面的计算可知，R_E 的存在使放大倍数 $\dot{A}_u$ 下降了许多，而输入电阻 R_i 却得到了显著的提高。

④ 如果换上 $\beta = 100$ 的晶体管后，其静态工作点为：

$$I_{CQ} \approx I_E = \frac{U_B - U_{BEQ}}{R_E} = \frac{4 - 0.7}{2} = 1.65 \text{mA}$$

$$I_{BQ} = \frac{I_{CQ}}{\beta} = \frac{1.65}{100} = 0.0165 \text{mA}$$

$$U_{CEQ} = U_{CC} - I_{CQ}(R_C + R_E) = 12 - 1.65 \times (2+3) = 3.75 \text{V}$$

由以上计算可知，在射极偏置电路中，β 值的改变对静态工作点的影响不大，只是基极电流变小。

$$r_{be} = 300 + (1+\beta) \frac{26}{I_{EQ}} = 300 + 101 \times \frac{26}{1.65} = 1.89 \text{k}\Omega$$

$$\dot{A}_u = -\beta \frac{R_C /\!/ R_L}{r_{be}} = -100 \times \frac{1.2}{1.89} = -63.49$$

由以上分析可知，在更换了晶体管后，电路的静态参数和动态参数变化不大，放大倍数没有显著变化。

2.3 共集电极放大电路

根据输入回路与输出回路公共端的不同，单管放大电路共有三种基本组态：共发射极放大电路、共集电极放大电路和共基极放大电路。在上面介绍的共射极放大电路中，电路具有较高的电压放大倍数，但其输入电阻较小（一般在 1kΩ 左右），而输出电阻较大（一般为几千欧）。输入电阻过小，从信号源索取的电流也会越大，放大电路的输入电压就很小，这是很不经济的。输出电阻过大，影响放大电路的带负载能力，当所接负载的阻值较小时，输出电压就会降低很多。本节介绍的共集电极放大电路，又称为射极输出器，具有较高的输入电阻和较低的输出电阻，在实际应用中，与共射极放大电路配合使用，作为输出级或隔离级，以提高整个放大电路的带负载能力，从而取得较好的放大效果。

2.3.1　电路的组成

共集电极放大电路的组成如图 2-21 所示，各元件的作用与共发射极放大电路基本相同，只是 R_E 除具有稳定静态工作点的作用外，还可作为放大电路空载时的负载。

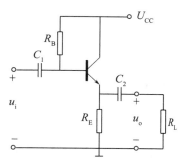

图 2-21　共集电极放大电路

2.3.2　静态分析

当输入信号 $u_i = 0$ 时，电路工作于直流工作状态。将耦合电容 C_1、C_2 视为开路，两个电容之间的组成部分即为直流通路，由此可求出静态值。由输入回路列方程得：

$$U_{CC} = I_{BQ} R_B + U_{BEQ} + I_{EQ} R_E = I_{BQ} R_B + U_{BEQ} + (1+\beta) I_{BQ} R_E$$

由此得：

$$I_{BQ} = \frac{U_{CC} - U_{BEQ}}{R_B + (1+\beta) R_E}$$

$$I_{CQ} = \beta I_{BQ}$$

由输出回路列方程得：

$$U_{CEQ} = U_{CC} - I_{EQ} R_E = U_{CC} - (1+\beta) I_{BQ} R_E$$

2.3.3　动态分析

共集电极放大电路的微变等效电路如图 2-22 所示。R_S 为信号源的内阻，u_i 为放大电路的输入电压，由图可见，晶体管的集电极为输入端与输出端的公共端，故此放大电路称为共集电极放大电路。

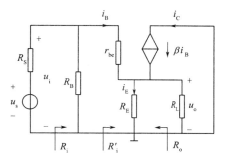

图 2-22　微变等效电路

（1）电压放大倍数

由微变等效电路的输入回路列方程得：

$$\dot{U}_i = \dot{I}_b r_{be} + \dot{I}_e (R_E /\!/ R_L) = \dot{I}_b r_{be} + (1+\beta) \dot{I}_b R'_L \qquad (2\text{-}14)$$

式中$R'_L = R_E /\!/ R_L$为电路的等效负载电阻。

对输出回路列方程得：

$$\dot{U}_o = \dot{I}_e R'_L = (1+\beta) \dot{I}_b R'_L$$

由此得电压放大倍数为：

$$\dot{A}_u = \frac{\dot{U}_o}{\dot{U}_i} = \frac{(1+\beta) R'_L \dot{I}_b}{[r_{be} + (1+\beta) R'_L] \dot{I}_b} = \frac{(1+\beta) R'_L}{r_{be} + (1+\beta) R'_L} \qquad (2\text{-}15)$$

与共射极放大电路的放大倍数相比，共集电极放大电路的电压放大倍数有以下特点：在一般情况下$r_{be} \ll (1+\beta) R'_L$，故$\dot{A}_u \approx 1$，即射极输出器没有电压放大能力；放大倍数$\dot{A}_u > 0$，这说明输出电压与输入电压的相位相同。由于输出电压总是与输入电压的变化趋势相同，所以这种电路又称为射极跟随器。

共集电极放大电路虽然没有电压放大作用，但由晶体管电流关系式$\dot{I}_e = (1+\beta) \dot{I}_b$可知，电路仍具有电流放大作用和功率放大作用。

（2）输入电阻

由式（2-12）可得：

$$R'_i = \frac{\dot{U}_i}{\dot{I}_b} = r_{be} + (1+\beta) R'_L$$

故

$$R_i = R_B /\!/ R'_i = R_B /\!/ [r_{be} + (1+\beta) R'_L] \qquad (2\text{-}16)$$

（3）输出电阻

为了推导输出电阻的表达式，利用外加电源法求含受控源二端网络的等效电阻，去除输入信号源的电压源$\dot{U}_S$，保留信号源的内阻R_S，同时去除负载电阻R_L，在输出端外加一电压源$\dot{U}$，电流方向如图 2-23 所示。

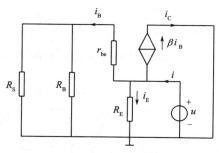

图 2-23　输出电阻的等效电路

列出 KVL 电压方程得：

$$\dot{I}_E = \frac{\dot{U}}{R_E}$$

$$\dot{U} = \dot{I}_B r_{be} + \dot{I}_B (R_S /\!/ R_B)$$

由此可得：

$$\dot{I}_B = \frac{\dot{U}}{r_{be} + R_S \mathbin{/\mkern-5mu/} R_B}$$

列出 KCL 电流方程得：

$$\dot{I} = \dot{I}_E + \dot{I}_B + \beta\dot{I}_B = \dot{I}_E + (1+\beta)\dot{I}_B = \frac{\dot{U}}{R_E} + \frac{(1+\beta)\dot{U}}{r_{be} + R_S \mathbin{/\mkern-5mu/} R_B}$$

$$R_o = \frac{\dot{U}}{\dot{I}} = \frac{\dot{U}}{\dfrac{\dot{U}}{R_E} + \dfrac{(1+\beta)\dot{U}}{r_{be} + R_S \mathbin{/\mkern-5mu/} R_B}} = R_E \mathbin{/\mkern-5mu/} \frac{r_{be} + R_S \mathbin{/\mkern-5mu/} R_B}{1+\beta} = R_E \mathbin{/\mkern-5mu/} \frac{r_{be} + R'_S}{1+\beta}$$

由上式可以看出射极输出器的输出电阻可以看做是由两部分电阻并联，其中 $\left(\dfrac{r'_{be} + R'_S}{1+\beta}\right)$ 相
当于基极电路中的电阻 $(r_{be} + R'_S)$ 折算到发射极电路中后的折合电阻。通常情况下 $R_E \geqslant \dfrac{r_{be} + R'_S}{1+\beta}$，故有：

$$R_o \approx \frac{r_{be} + R'_S}{1+\beta} \tag{2-17}$$

通常情况下 $\beta \gg 1$，r_{be} 为 $1\text{k}\Omega$ 左右，R'_S 为几十至几百欧。由此可见，共集电极放大电路的输出电阻一般只有几十欧，远远小于共发射极放大电路的输出电阻。

2.3.4　射极输出器的应用

在上一节的分析中可以得出共集电极放大电路的主要特点是：电压放大倍数小于 1 而接近于 1；输出信号与输入信号相位相同，具有跟随作用；输入电阻高传递电压信号源效率高；输出电阻小带负载能力强。

利用射极输出器输入电阻高的特点，可以将其用作多级放大电路的输入级，使放大电路获得较高的输入电压，并且可以减少信号源所提供的电流，提高应用效率。利用射极输出器输出电阻低的特点，可以将其用作多级放大电路的输出级，使输出电压相对稳定，电压放大倍数基本不随负载变化，将放大电路的这种性能称为带负载能力强。另外，还可以将射极输出器用于两级共发射极放大电路之间，作为中间隔离级，既可以提高前级放大电路的电压放大倍数，又能很好地与输入电阻低的共发射极电路配合，起到阻抗变换的作用。因此射极输出器在电子电路中应用非常广泛。

2.4　阻容耦合多级放大电路及其频率特性

单级放大电路的电压放大倍数一般为几十倍，而在实际应用中，放大电路的输入信号都很微弱，大多为毫伏级甚至微伏级，为了达到负载所要求的电压或功率，必须如图 2-24 一样，把几个单级放大电路级联起来，构成多级放大电路对微弱信号进行连续放大，才能在输出端获得必要的电压幅值或足够的功率。多级放大电路一般由输入级、中间级、推动级（又称末前级）和输出级（末级）组成。其中的输入级和中间级主要用作电压放大，可

将微弱的输入电压放大到足够的幅度，后面的末前级和输出级用作功率放大，以输出负载所需的功率。

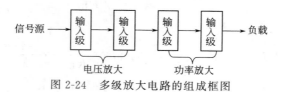

图 2-24 多级放大电路的组成框图

2.4.1 多级放大电路的耦合方式

将多个单级放大电路连接起来，即构成多级放大电路。各级放大电路之间的连接方式称为级间耦合方式，实现耦合的电路称为级间耦合电路。

（1）对耦合电路的要求

① 保证各级均有合适的静态工作点；

② 信号在传输过程中不会产生失真；

③ 信号能有效地传输，尽量减少信号在耦合电路上的损失。

（2）级间耦合方式

常用的多级放大电路的级间耦合方式有四种：阻容耦合、直接耦合、变压器耦合和光电耦合。

① 阻容耦合。

各级电路之间通过电阻和电容元件相连接，构成如图 2-25 所示的阻容耦合电路。电路第一级的输出信号作为第二级的输入信号，第二级的电阻作为第一级的负载。

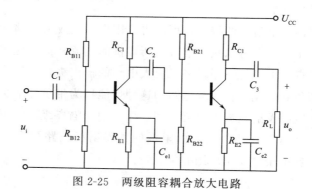

图 2-25 两级阻容耦合放大电路

阻容耦合电路的优点是：由于前、后两级之间通过耦合电容连接，使各级的直流通路互不相通，从而使各级的静态工作点相对独立，这样给电路的设计、调试和维修带来很大的方便。只要电容足够大，信号会毫无衰减的通过各级电路，使信号得到充分的利用。

阻容耦合电路的局限性也在于耦合电容。由于耦合电容直接串联在信号通道中，对低频信号的阻碍作用大，低频信号衰减明显，故不适用于直流或低频信号。另外，由于在集成电路中很难制造大容量电容，因此不适用于集成电路中。

② 直接耦合。

前级的输出端直接与后级的输入端相连接的方式（或通过电阻连接）称为直接耦合，如图 2-26 所示。

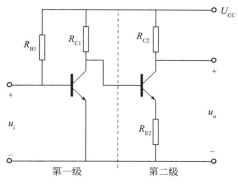

图 2-26 两级直接耦合放大电路

直接耦合放大电路的优点是：既能放大交流信号，也能放大直流信号和低频信号。由于直接耦合只用导线或电阻等元件，便于集成（大容量的电容和线圈都很难集成），所以集成运算放大器中大多采用这种方式。

直接耦合放大电路各级间的静态工作点相互影响，在进行电路的分析调试和测试过程中需要通过科学的方式选择放大电路的形式，合理安排各级的直流电平，使之正确配合。另外对于直流和低频信号的放大功能使得电路容易产生零点漂移现象，即当直接耦合放大电路没有输入信号（或输入信号为零）时，其输出端仍然有一定幅值的信号输出。

产生零点漂移的主要原因是由环境温度变化引起的前级放大电路的缓慢变化电压，通过直接耦合传输到下一级并被逐级放大，在输出端形成干扰信号，这个信号会干扰有用信号，致使输出电压产生偏差。解决零点漂移问题的常用方法是采用差动放大电路，这在下一节介绍。

③ 变压器耦合。

级与级之间通过变压器连接的方式，称为变压器耦合。由于变压器能够通过磁路的耦合将一次线圈中交流信号传送二次线圈，阻隔了直流信号，所以各级的静态工作点也是相互独立的。而且在传输信号的同时，通过阻抗变换，将较小的负载或输入电阻变换成比较合适的阻值，从而得到尽可能大的输出电压。

由于变压器比较笨重，无法进行集成，而且低频和直流信号无法通过变压器，所以，目前变压器耦合在放大电路中已很少采用。

④ 光电耦合。

级与级之间通过发光器件和光电器件的耦合称为光电耦合。前级的输出以电流的形式驱动发光二极管发光，将电信号转换成光信号，光照到光电晶体管的基极上，又转换成电信号，并从集电极输出。光电耦合的优点是各级放大电路是相互独立的，绝缘和隔离性能都很好；由于噪声信号产生的微弱电流不足以使发光二极管发光，因此，光电耦合可以有效地抑制噪声信号的传输，具有很强的抗电气干扰能力；作为开关使用时，具有耐用、可靠性高和速度快等优点。鉴于以上特点，光电耦合放大电路更多的应用于信号隔离或转换、高压开关、脉冲系统间的电平匹配以及各种数字逻辑电路中。

2.4.2 阻容耦合多级放大电路的分析

两级阻容耦合放大电路如图 2-25 所示，由级间耦合电容 C_2 与第二级输入电阻 r_{i2} 构成了两级之间的耦合电路。由于耦合电容的隔直作用，所以对静态工作点进行分析时，各级的静态工作点可以分别进行计算，分析和计算方法同单级放大电路相同，下面进行动态分析。

（1）电压放大倍数

在放大器工作的频率范围内，忽略耦合电容上的交流压降，前一级的输出作为后一级的输入，即 $\dot{U}_{o1}=\dot{U}_{o2}$，所以总的电压放大倍数为：

$$\dot{A}_u=\frac{\dot{U}_o}{\dot{U}_i}=\frac{\dot{U}_{o1}}{\dot{U}_i}\cdot\frac{\dot{U}_{o2}}{\dot{U}_{o1}}\cdot\cdots\cdot\frac{\dot{U}_o}{\dot{U}_{o(n-1)}}=\dot{A}_{u1}\cdot\dot{A}_{u2}\cdot\cdots\cdot\dot{A}_{un}$$

对于多级放大电路来说，总的电压放大倍数等于各级放大电路电压放大倍数的乘积。其条件是后级输入电压等于前级的输出电压，后一级的输入电阻作为前级的负载。

（2）输入和输出电阻

多级放大电路的输入电阻就是输入级的输入电阻，而输出电阻就是输出级的输出电阻。即：

$$R_i=R_{i1}$$
$$R_o=R_{on}$$

在选择多级放大电路的形式和参数时，输入级和输出级主要考虑输入电阻和输出电阻的要求，中间级主要考虑放大倍数的要求。

【例 2-5】图 2-27 所示的多级放大电路中，设晶体管的 $\beta_1=50$，$r_{be1}=1.6\text{k}\Omega$，$\beta_2=40$，$r_{be2}=1\text{k}\Omega$，电路中的电容足够大。求：

① 画出此多级放大电路的微变等效电路；

② 计算总电压放大倍数、输入电阻及输出电阻值。

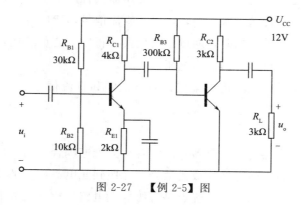

图 2-27 【例 2-5】图

解：①微变等效电路如图 2-28 所示；

② 第二级放大电路的输入电阻为：

$$R_{i2}=R_{B3} \mathbin{//} r_{be2}=3 \mathbin{//} 1=0.75\text{k}\Omega$$

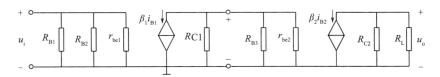

图 2-28　【例 2-5】微变等效电路

第一级电压放大倍数为：

$$\dot{A}_{u1} = -\beta_1 \frac{R_{C1} /\!/ R_{i2}}{r_{be1}} = -50 \times \frac{4 /\!/ 0.75}{1.6} = -19.74$$

第二级电压放大倍数为：

$$\dot{A}_{u2} = -\beta_2 \frac{R_{C2} /\!/ R_L}{r_{be2}} = -40 \times \frac{3 /\!/ 3}{1} = -60$$

所以，总的电压放大倍数为：

$$\dot{A}_u = \dot{A}_{u1} \cdot \dot{A}_{u2} = (-19.74) \times (-60) = 1184.4$$

输入电阻为：

$$R_i = R_{B1} /\!/ R_{B2} /\!/ r_{be1} = 30 /\!/ 10 /\!/ 1.6 = 1.32 k\Omega$$

输出电阻为：

$$R_o = R_{C2} = 3 k\Omega$$

【例 2-6】 在图 2-29 所示的两级放大电路中，设晶体管的 $\beta_1 = \beta_2 = 50$，$U_{BE1} = 0.6V$，$U_{BE2} = -0.3$，$r_{be1} = r_{be2} = 300\Omega$，试求：

① 静态工作点 Q；

② 放大电路的放大倍数 $\dot{A}_u$。

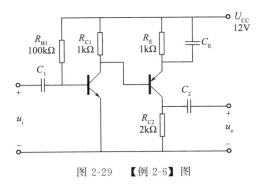

图 2-29　【例 2-6】图

解：①两级放大电路的直流通路如图 2-30 所示，由此可得静态工作点：

$$I_{BQ1} = \frac{U_{CC} - U_{BE1}}{R_{B1}} = \frac{12 - 0.6}{100} = 0.114 mA$$

$$I_{CQ1} = \beta I_{BQ1} = 50 \times 0.114 = 5.7 mA$$

$$U_{CEQ1} = U_{CC} - (I_{CQ1} - I_{BQ2}) R_{C1} \approx U_{CC} - I_{CQ1} R_{C1} = 12 - 5.7 \times 1 = 6.3V$$

$$I_{CQ2} \approx I_{EQ2} = \frac{U_{CC} - (U_{CEQ1} + 0.3)}{R_{C2}} = \frac{12 - 6.6}{1.5} = 3.6 mA$$

$$I_{BQ2} = \frac{I_{CQ2}}{\beta} = \frac{3.6}{50} = 0.072\text{mA}$$

$$U_{CEQ2} \approx -U_{CC} + I_{CQ2}(R_E + R_{C2}) = -12 + 3.6 \times (1+2) = -1.2\text{V}$$

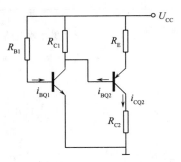

图 2-30　【例 2-6】直流通路

② 画出电路的微变等效电路如图 2-31 所示。

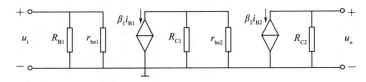

图 2-31　【例 2-6】的微变等效电路

$$\dot{A}_{u1} = -\beta_1 \frac{R_{C1} \mathbin{/\!/} r_{be2}}{r_{be1}} = -50 \times \frac{1000 \mathbin{/\!/} 300}{300} = -38.46$$

$$\dot{A}_{u2} = -\beta_2 \frac{R_{C2}}{r_{be2}} = -50 \times \frac{2000}{300} = -333.33$$

$$\dot{A}_u = \dot{A}_{u1} \cdot \dot{A}_{u2} = (-38.46) \times (-333.33) = 12820$$

2.5　放大电路的频率响应

通常放大电路的输入信号不是单一频率的正弦信号，而是各种不同频率分量组成的复合信号。由于三极管本身具有电容效应，以及放大电路中存在阻抗元件，因此对不同频率分量，阻抗元件的阻抗和相移均不同。理论分析和实践都表明，任何放大电路都只能对某个频谱范围内的信号有较好的放大作用，在这个范围以外的信号放大能力明显下降。

在阻容耦合放大电路中，由于存在极间耦合电容和三极管的极间结电容等，容抗随频率的变化而变化，对于不同的频率的输入信号，输出电压会发生变化，不仅信号的幅值得到放大，而且还会产生一个相位移。此时，电压放大倍数可以表示为：

$$A_u = |A_u|(f) \angle \varphi(f)$$

上式表示，电压放大倍数的幅值 $|A_u|$ 和相位角 φ 都是频率的函数。放大电路的电压放大倍数 $|A_u|$ 与频率的关系称为幅频特性，图 2-32（a）为阻容耦合单级放大电路的幅频

特性曲线，表明在放大电路的某一段频率范围内，电压放大倍数 $|A_u|$ 与频率无关，是一个常数，随着频率的增大或降低，电压放大倍数降低。输入电压与输出电压之间的相位差同信号频率之间的关系称为相频特性，当电压放大倍数下降为 $0.707|A_u|$ 时所对应的低频频率和高频频率分别称为放大电路的下限频率 f_L 和上限频率 f_H。在这两个频率之间的频率范围，称为放大电路的通频带，它是放大电路频率响应的一个重要指标。因为这两处的 $|A_u|$ 值在用分贝表示时，比中间频率处的电压值低于 $3dB$，所以这个带宽又称为"3dB 带宽"。通频带越宽，表示放大电路工作的频率范围越宽。

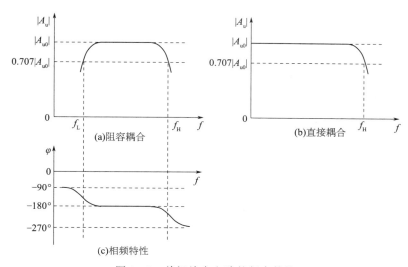

图 2-32　单级放大电路的频率特性

以分压偏置式放大电路为例，分析放大电路的频率特性。

在输入信号的中频段，由于极间耦合电容和射极旁路电容的容量较大，对信号的容抗很小，可视为开路。三极管的极间电容和导线的分布电容都很小，基本不影响放大倍数。所以在中频段，可以认为电容基本不影响交流信号的传递，故放大倍数最大。在信号的低频段由于电路中电容的阻抗增大。

在信号的低频段，由于电路中电容的阻抗增大，信号通过这些电容时被明显衰减，并且产生一定的相位滞后，导致放大倍数下降。提高电路中电容的容量，可以改善放大电路在低频段放大倍数降低的情况。

在信号的高频段，由于信号频率较高，耦合电容和旁路电容的容抗相对较小，对信号的影响可以忽略不计。但三极管自身容抗随信号频率的升高而减小，从而降低了放大电路的放大倍数，并产生相应的相位滞后。另外，三极管的电流放大倍数 β 随频率的升高而降低，也会导致高频段放大倍数的进一步降低。

通常单级放大电路的放大倍数与通频带的乘积是常数，即放大电路的放大倍数越高，通频带越窄，两者成反比关系。提高放大倍数通常要以牺牲通频带为代价，高放大倍数的电路通常要考虑通频带的扩展问题。

思考题及习题

1. 放大电路的组成原则有哪些？分析图 2-33 各电路能否正常放大，并说明理由。

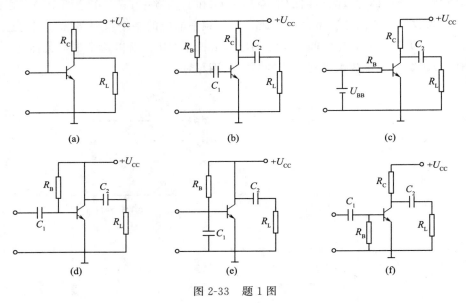

图 2-33　题 1 图

2. 什么是静态工作点？如何设置静态工作点？如果静态工作点设置不当会出现什么问题？

3. 基本交流放大电路如图 2-34 所示，说明电路中各元件的作用。

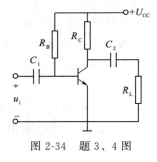

图 2-34　题 3、4 图

4. 三极管放大电路如图 2-34 所示。已知，$U_{CC}=12V$，$R_B=300k\Omega$，$R_C=3k\Omega$，$R_L=3k\Omega$，$U_{BE}=0.6V$，晶体管的电流放大倍数 $\beta=50$。

（1）估算电路的静态工作点；

（2）计算晶体管的输入电阻 r_{be}；

（3）画出微变等效电路，计算电路的电压放大倍数，输入电阻和输出电阻。

5. 三极管放大电路如图 2-35 所示。已知，$U_{CC}=15V$，$R_B=300k\Omega$，$R_C=2k\Omega$，$R_E=500\Omega$，$R_L=3k\Omega$，$U_{BE}=0.6V$，晶体管的电流放大倍数 $\beta=100$。

（1）估算电路的静态工作点；

（2）画出微变等效电路，计算电路的电压放大倍数，输入电阻和输出电阻；

（3）估算最大不失真输出电压的幅值；

（4）当输入电压 u_i 足够大时，输出电压首先出现何种失真？如何调节？

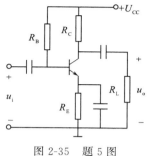

图 2-35　题 5 图

6. 在图 2-36 中所示的分压式偏置电路中，已知，$U_{CC}=12V$，$R_{B1}=15k\Omega$，$R_{B2}=3k\Omega$，$R_C=2k\Omega$，$R_E=500\Omega$，$U_{BE}=0.6V$，晶体管的电流放大倍数 $\beta=40$。

（1）估算电路的静态工作点；

（2）画出微变等效电路，若接入 $10k\Omega$ 的负载电阻，试计算电路的电压放大倍数，输入电阻和输出电阻；

（3）估算最大不失真输出电压的幅值；若断开射极旁路电容，计算动态参数；

（4）若换上 PNP 三极管，电路将如何修改？

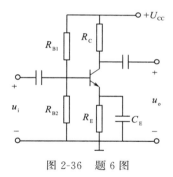

图 2-36　题 6 图

7. 在图 2-37 所示的射极输出器电路中，已知：$U_{CC}=12V$，$R_B=500k\Omega$，$R_E=50k\Omega$，三极管的电流放大倍数 $\beta=100$。

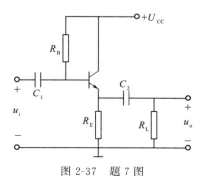

图 2-37　题 7 图

（1）估算电路的静态工作点；

（2）分别求出当 $R_L=\infty$ 和 $R_L=2\text{k}\Omega$ 时的电压放大倍数；

（3）分别求出当 $R_L=\infty$ 和 $R_L=2\text{k}\Omega$ 时的输入电阻；

（4）计算电路的输出电阻。

8. 在如图 2-38 所示的放大电路中，若在调试过程中出现：（1）饱和失真，（2）截止失真；（3）饱和和截止失真。如果输入的是正弦波，应如何调整电路参数才能消除失真。

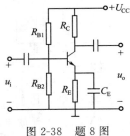

图 2-38　题 8 图

9. 分压偏置式放大电路如图 2-39 所示，已知：$U_{CC}=12\text{V}$，$R_{B1}=68\text{k}\Omega$，$R_{B2}=47\text{k}\Omega$，$R_C=3.9\text{k}\Omega$，$R_{E1}=200\Omega$，$R_{E2}=2\text{k}\Omega$，$R_L=5.1\text{k}\Omega$，$U_{BE}=0.6\text{V}$。三极管电流放大倍数 $\beta=100$。

（1）估算电路的静态工作点；

（2）画出微变等效电路，若 $r_{be}=2\text{k}\Omega$，试求出电压放大倍数，输入和输出电阻。

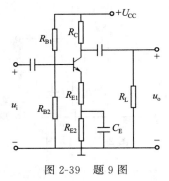

图 2-39　题 9 图

10. 共基极放大电路如图 2-40 所示，$U_{CC}=12\text{V}$，$R_{B1}=50\text{k}\Omega$，$R_{B2}=50\text{k}\Omega$，$R_C=2\text{k}\Omega$，$R_E=2\text{k}\Omega$，$R_L=1\text{k}\Omega$，$U_{BE}=0.6\text{V}$。三极管电流放大倍数 $\beta=100$。

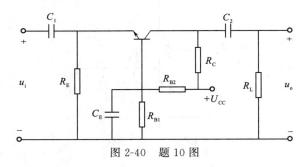

图 2-40　题 10 图

（1）估算电路的静态工作点；

（2）画出微变等效电路，若 $r_{be}=1.6k\Omega$，试求出电压放大倍数，输入和输出电阻。

11. 某放大电路，当输入的直流电压为 10mV 时，输出的直流电压为 7V；当输入的直流电压上升为 12mV 时，输出的直流电压为 6V。则电路的放大倍数为＿＿＿＿＿＿＿＿。

12. ＿＿＿＿＿＿＿＿耦合放大电路各级静态工作点相互独立；＿＿＿＿＿＿＿＿耦合放大电路能放大直流信号；＿＿＿＿＿＿＿＿耦合放大电路能抑制温度漂移。

13. 电路如图 2-41 所示，若三极管电流放大倍数 β 均为 50，已知：电路电源 $U_{CC}=$ 12V，偏置电阻 $R_{B1}=150k\Omega$，$R_{B2}=50k\Omega$，$R_{C1}=10k\Omega$，$R_{E1}=2k\Omega$，$R_{B3}=150k\Omega$，$R_{C2}=5.6k\Omega$，$U_{BE}=0.6V$，三极管内阻 $r_{be1}=6.2k\Omega$，$r_{be2}=1.6k\Omega$。

（1）分别估算各级电路的静态工作点；

（2）试估算电路的输入和输出电阻值；

（3）分别计算当 $R_L=\infty$ 和 $R_L=2k\Omega$ 时的电压放大倍数。

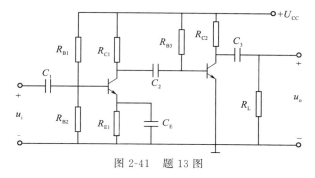

图 2-41　题 13 图

14. 在多级放大电路图 2-42 中，三极管的电流放大倍数 β 均为 50，已知：电路电源 $U_{CC}=12V$，偏置电阻 $R_{B1}=1500k\Omega$，$R_{E1}=7.5k\Omega$，$R_{B2}=90k\Omega$，$R_{B3}=30k\Omega$，$R_{C2}=$ 12kΩ，$R_{E2}=5.1k\Omega$，$U_{BE}=0.6V$，三极管内阻 $r_{be1}=5.6k\Omega$，$r_{be2}=6.2k\Omega$。

（1）试估算电路的输入和输出电阻值；

（2）分别计算当 $R_L=\infty$ 和 $R_L=3.6k\Omega$ 时的电压放大倍数。

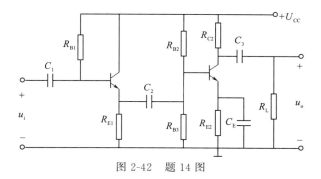

图 2-42　题 14 图

15. 在多级放大电路图 2-43 中，三极管的电流放大倍数 β 均为 50，已知：电路电源 $U_{CC}=12V$，偏置电阻 $R_{B1}=90k\Omega$，$R_{B2}=30k\Omega$，$R_{B3}=150k\Omega$，$R_{C1}=12k\Omega$，$R_{E1}=5k\Omega$，$R_{E2}=3.6k\Omega$，$U_{BE}=0.6V$，三极管内阻 $r_{be1}=6.2k\Omega$，$r_{be2}=1.6k\Omega$。

（1）试估算电路的输入和输出电阻值；

（2）分别计算当$R_L=\infty$和$R_L=3.6\text{k}\Omega$时的电压放大倍数；

（3）当$R_L=3.6\text{k}\Omega$时，如果去掉射极输出器，将负载R_L直接连接在第一级的输出端，此时电路的电压放大倍数A_u改变为多少，试与问题（2）的结果进行比较。

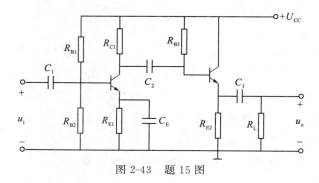

图 2-43　题 15 图

16. 试分析直接耦合放大电路、阻容耦合放大电路、变压器耦合放大电路及光电耦合放大电路的主要特点。

17. 简述零点漂移产生的原因。

第 3 章
集成运算放大电路

本章学习要点：集成运算放大器（简称集成运放或运放）是一种具有很高的开环电压放大倍数的多级直流耦合放大器，因其在某种使用条件下便具有某种相应的运算功能而得名。集成运放是在半导体制造工艺的基础上，在一块微小的硅基片上制造出来的能实现特定功能的电子电路。相较于由单个元件连接起来的分立电路而言，具有体积小、重量轻、耗电少、可靠性高等特点，已成为现代电子器件的主体。早期的集成运放主要用来完成对信号的加、减法，积分、微分等运算，故称为运算放大器，现在，它的应用已远远超出这一范围，可用于各种不同频带的放大器、振荡器、有源滤波器、模数转换电路、高精度测量电路中以及电源模块等许多场合。

本章将介绍运放电路的结构、参数和电压传输特性，认识并掌握利用集成运放所构成的一些信号处理电路，如模拟运算、信号处理和信号产生电路等，并能够对这些信号处理电路进行分析和计算。

3.1 差动放大电路

直接耦合放大电路具有良好的低频特性，较宽的通频带，在实际的控制系统中，将经传感器转换的模拟量（温度、压力、流量等）转化的直流电信号进行放大处理，这种放大电路只能采用直接耦合方式。直接耦合方式的应用较广，但零点漂移现象对输出信号影响严重，抑制这种现象最有效的电路就是差分放大电路，因此在多级直接耦合放大电路的前置级广泛采用这种电路。

3.1.1 直接耦合放大电路的零点漂移

直接耦合放大电路使用导线将前、后级直接相连，两级之间的交、直流信号均能互相导通，从而产生了零点漂移现象。零点漂移是指在输入信号为零的情况下，输出信号不为零，而是无规则的波动。产生零点漂移的原因很多，如电源电压的波动、电路元件的老化、三极管参数受温度影响而产生的变化等，其中温度的影响是最主要的原因，所以零点漂移也称为温度漂移。

零点漂移现象存在于任何耦合连接放大电路中。在阻容耦合放大电路中产生的漂移现象，作为直流信号被级间的电容隔离，因此不会将这种变化缓慢的电压传输到下一级进行逐级放大，不会对电路的放大信号有太大的影响。而在直接耦合电路中这种微弱的漂移电压被逐级传送和放大，甚至在输出端严重影响信号值，使放大电路不能正常工作。其中，第一级的漂移电压被后级逐级放大，影响最大。因此，设法抑制第一级电路的漂移电压，是克服零点漂移现象的关键。

抑制零点漂移的实质就是稳定多级放大电路的各级静态工作点，主要的方法有以下几种：

① 采用直流负反馈电路；

② 采用温度补偿的方法，使用热敏元件补偿晶体管参数随温度变化对放大器工作性能的影响；

③ 采用特性和参数基本相同的两个三极管构成"差动放大器"，使它们产生的漂移在输出端相互抵消。差动放大电路是目前应用最广、最有效地抑制零点漂移的电路形式。

3.1.2 差动放大电路的工作原理

（1）差动放大电路的组成

基本的差动放大电路是依靠电路和晶体管的对称性来抑制零点漂移的，其原理电路图如图 3-1 所示。电路的核心为两个共发射极电路，要求电路的两个晶体管特性和参数相同，两边电路结构对称，对应位置的元器件温度特性和参数相同，从而使得两个共发射极电路的静态工作点相同。差动放大电路的输入端同普通共射极放大电路相同，电压分别从 u_{i1} 和 u_{i2} 输入，输出信号可以从 u_{o1} 和 u_{o2} 之间取出（$u_o = u_{o1} - u_{o2}$），称为双端输出，也可以从任一输出端对地取出，称为单端输出。

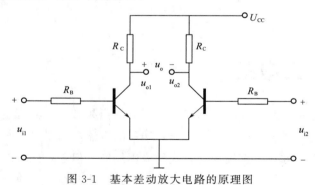

图 3-1　基本差动放大电路的原理图

（2）抑制零点漂移的工作原理

在图 3-1 所示的电路中，由于两只晶体管特性完全相同，电路参数也完全对称，因此当温度 T 升高时，两个晶体管的基极电流 I_B 和集电极电流 I_C 随之增大，集电极电位 $V_C = U_{CE}$ 则会下降，而且变化幅度相同，因此在输出端得到的电压值 u_o 相互抵消，消除了因温度影响而产生的电压变化。

$$T\uparrow \begin{cases} I_{B1}\uparrow \rightarrow I_{C1}\uparrow \rightarrow V_{C1}\downarrow \\ I_{B2}\uparrow \rightarrow I_{C2}\uparrow \rightarrow V_{C2}\downarrow \end{cases} \rightarrow u_o = V_{C1} - V_{C2} = 0$$

由上分析可知，在电路采用双端输出、理想对称的情况下，同样的温升使得两管的漂移方向相同且大小相等，漂移量得到了完全的抑制，这就是差动放大电路得到广泛应用的原因。

（3）差模输入和共模输入

由于差分放大电路输入信号分别加入，两个信号之间存在大小和相位上的关系，工作情况可分以下几种类型来分析。

① 共模输入。

两个输入信号大小相等，极性相同，即 $u_{i1} = u_{i2}$，这样的输入形式称为共模输入。共模输入时，差分放大电路的对称两端电路中的电流和电压变化完全相同，所以两管各自的输出电压也是大小相等、极性相同，即 $u_{o1} = u_{o2}$，共模输出电压 $u_o = u_{o1} - u_{o2} = 0$，即在理想对称的情况下，差动放大电路对共模信号没有放大作用，即共模放大倍数 $A_{uc} \approx 0$。

工作情况下，差动放大电路的两个三极管工作在相同的环境温度中，温度的变化对两个管子产生相同的影响，类似输入共模信号的作用，因此，借助于电路的对称性，输出电压就可以将温度变化造成的零漂电压抵消，无法向下一级传递。

② 差模输入。

两个输入信号大小相等，极性相反，即 $u_{i1} = -u_{i2}$，这样的输入形式称为差模输入。此时两管各自的输出电压也是大小相等，极性相反，即 $u_{o1} = -u_{o2}$，因此 $u_o = u_{o1} - u_{o2} = 2u_{o1}$。由此可以得到输入差模信号放大倍数 $A_{ud} = \dfrac{u_o}{u_i} = \dfrac{u_{o1} - u_{o2}}{u_{i1} - u_{i2}} = \dfrac{2u_{o1}}{2u_{i1}} = A_{u1}$，即在双端输出的情况下，差动放大电路对差模信号有放大作用，放大能力等于单边电路的放大倍数。

综上所述，差动放大电路具有抑制共模信号，放大差模信号的作用，也就是抑制两个输入信号中相同的部分，放大差值部分。

③ 任意输入。

如果两个输入信号大小和极性是任意的，为了便于分析，可将信号分解为一对差模信号与一对共模信号的叠加。设两个输入信号分别为 u_{i1} 和 u_{i2}，其差模输入分量 u_{id} 和共模输入分量 u_{ic} 分别为：

$$u_{id} = \frac{1}{2}(u_{i1} - u_{i2}) \tag{3-1}$$

$$u_{ic} = \frac{1}{2}(u_{i1} + u_{i2}) \tag{3-2}$$

例如：两任意输入信号 $u_{i1} = 5\text{mV}$，$u_{i2} = -1\text{mV}$，则分解后得到差模分量 $u_{id} = 3\text{mV}$ 和共模分量 $u_{ic} = 2\text{mV}$。此时对差动放大电路进行动态分析，即先进行差模分析和共模分析，然后再利用叠加原理对差模输出分量和共模输出分量求代数和。

上面介绍的基本差动放大电路，主要通过电路结构和晶体管的对称性来抑制零点漂移的。虽然电阻可以选取的近乎完全相同，但是晶体管由于生产工艺的关系，无法做到完全相同，即使同一批次生产出来的晶体管，也存在一定的差异，因此这种基本的差动放大电路无法达到很好的对称性。而且，对于每个晶体管来说，集电极电位的漂移没有得到任何的限制，当电路采用单端输出时，漂移量无法得到抑制。因此，实际工作的差分放大电路采用如图所示的长尾式电路。和基本的差分电路相比，长尾式电路增加了电位器R_P、反馈电阻R_E和电源U_{EE}。

R_E的作用是稳定电路的静态工作点，限制每个晶体管的漂移。对共模输入信号来说，R_E的引入大大降低了单管电压放大倍数，从而降低了共模信号输出量；对差模信号来说，由于通过两个晶体管的集电极电流方向相反，使得通过R_E的电流恰好一正一反相互抵消，即R_E对差模信号可以看做是短路作用，这样R_E的引入不影响差模信号的电压放大倍数，因此R_E被称为共模反馈电阻。由以上分析可知，R_E越大，电路抑制零点漂移的能力就越强，但在U_{CC}一定的情况，R_E会使集电极电流减小，影响静态工作点和最大输出电压。因此在电路中接入负电源U_{EE}来补偿R_E两端的直流压降，从而获得合适的静态工作点。在多数情况下，电源U_{EE}与U_{CC}的数值相等。

电位器R_P是微调电路对称的，由于实际电路元件参数和特性的分散性，不可能做到两边电路完全对称。因此使用电位器R_P调整偏置电流，使电路在输入信号为零的同时输出信号也为零。通常取R_P在100Ω左右。

差动放大电路能够抑制共模信号，放大差模信号，为了描述差动放大电路对零漂的抑制能力，引入了一个技术指标——共模抑制比，它的定义为差模电压放大倍数A_d与共模电压放大倍数A_c之比，即

$$K_{CMR} = \left| \frac{A_d}{A_c} \right| \tag{3-3}$$

或用对数表示，记作：

$$K_{CMR} = 20\lg \left| \frac{A_d}{A_c} \right| (dB) \tag{3-4}$$

共模抑制比K_{CMR}越大，表明对差模信号的放大能力和对共模信号的抑制能力越好。

（4）静态分析

以图 3-2 所示电路为例，计算电路的静态工作点 Q。令输入电压为零，考虑得到电路的对称性，根据晶体管的基极回路可得：

$$0 = I_{BQ} R_B + U_{BEQ} + 2I_{EQ} R_E - U_{EE}$$

故基极电流为

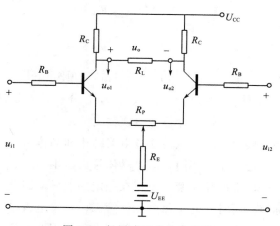

图 3-2　长尾式差分放大电路

$$I_{BQ} = \frac{U_{EE} - U_{BEQ}}{R_B + 2 \ (1+\beta) \ R_E} \tag{3-5}$$

集电极电流和电位分别为

$$I_{CQ} = \beta I_{BQ} \tag{3-6}$$

$$U_{CQ} = U_{CC} - I_{CQ} R_C \tag{3-7}$$

由于差分放大电路的输入、输出方式不同时，电路的动态性能和特点也不尽相同，将在下一节中详细介绍。

3.1.3　差动放大电路的输入输出方式

差动放大电路的输入信号有两种不同的连接方式，将输入信号连接在两个晶体管的基极之间的输入方式称为双端输入；将输入信号连接在一个晶体管的基极与地之间，另一个晶体管的基极直接接地的输入方式称为单端输入。

差动放大电路的输出端也有两种不同的连接方式。输出电压取自两个晶体管的集电极之间时（见图 3-3 中 u_o 的输出位置），称为双端输出；输出电压取自一个晶体管的集电极与地之间时（见图 3-4 中 u_{o1} 或 u_{o2} 的输出位置），称为单端输出。综上所述，差动放大电路的输入输出连接方式共有四种组合，即双端输入双端输出、单端输入单端输出、双端输入单端输出及单端输入双端输出。下面将详细分析各种连接方式的特点。

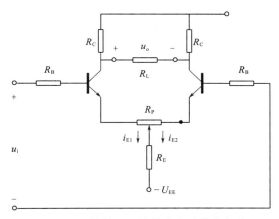

图 3-3　双端输入双端输出差动放大电路

（1）双端输入双端输出电路

差动放大电路的双端输入双端输出电路如图 3-3 所示。当输入差模信号时的交流通路如图 3-4 所示。由于两个输入信号大小相等、方向相反，在电阻 R_E 上引起的电流相互抵消，所以 R_E 对差模信号不产生任何压降。而 R_P 因其阻值较小，在电路中产生的压降忽略不计。

由电路结构的对称性得：

$$u_{i1} = -u_{i2} = \frac{1}{2} u_i$$

$$u_{o2} = -u_{o1}$$

$$u_o = u_{o1} - u_{o2} = 2 u_{o1}$$

u_{o1} 与 u_{o2} 大小相等、方向相反，所以负载电阻 R_L 的中点为交流信号的地电位，相当于每管接负载 $R_L/2$，电路如图 3-4 所示。

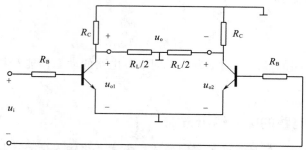

图 3-4　差动放大电路的差模信号交流通路

分析差动放大电路的交流通路，得到电路的差模电压放大倍数为：

$$A_d = \frac{u_o}{u_i} = \frac{2u_{o1}}{2u_{id1}} = A_{d1} = \frac{\beta(R_C \mathbin{/\!/} (R_L/2))}{R_B + r_{be}} \tag{3-8}$$

由式（3-8）可以看出，差模放大倍数与单管电压放大倍数相等，但电路对共模信号和零点漂移的抑制作用大大加强。双端输出的差动放大电路抑制共模信号的措施有两条：第一，利用对称性抵消共模输出信号；第二，利用 R_E 的强负反馈作用来减小共模输出信号。

（2）单端输入单端输出电路

单端输入单端输出电路如图 3-5 所示，单端输入是指输入电压仅加载在其中一个输入端与地之间，另一个输入端直接接地。对输入信号进行等效变换，变换图如图 3-6 所示。

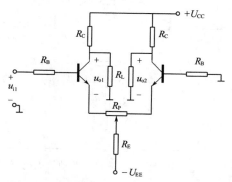

图 3-5　单端输入单端输出差动放大电路

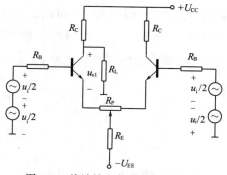

图 3-6　单端输入信号的等效电路

由等效电路图可以看出，单端输入的电压值可以等效于在两个输入端加入差模信号 $u_i/2$ 和 $-u_i/2$，同时，两个输入端加入了 $u_i/2$ 的共模信号。也就是说，单端输入的情况下，在差模信号输入的同时，伴随着共模信号的输入，即：

$$u_{id} = u_{ic} = \frac{1}{2} u_i$$

输出电压也是差模输出分量和共模输出分量之和，即：

$$u_o = u_{od} + u_{oc} = A_d u_{id} + A_C u_{ic}$$

① 差模电压放大倍数。

单端输出时，输出电压仅取自某一根管子的输出端，由此放大倍数为：

$$A_d = \frac{u_{o1}}{2 u_{id1}} = \frac{1}{2} A_{d1} = -\frac{\beta R'_L}{2(R_B + r_{be})} \tag{3-9}$$

式中，$R'_L = R_C // R_L$ 为等效负载电阻。由式（3-8）和式（3-9）可知，在差动放大电路的输出端空载的条件下，单端输出的差模电压放大倍数为双端输出的差模电压放大倍数的一半，由此可知，差模电压放大倍数 A_d 的大小只与输出方式有关，而与输入方式无关。

② 共模电压放大倍数。

差动放大电路两边输入信号的共模分量大小相等、极性相同，因此流过 R_E 的电流为 $2i_e$，共模电压放大倍数为：

$$A_C = \frac{u_{oc}}{u_{ic}} = -\frac{\beta(R_C // R_L)}{R_B + r_{be} + 2(1+\beta)R_E}$$

由于 $R_E \gg R_P$，所以在上式中忽略了 R_P 的作用。在 $2(1+\beta)R_E \gg (R_B + r_{be})$ 时，共模电压放大倍数可以表示为：

$$A_C \approx -\frac{\beta R'_L}{2(1+\beta)R_E} \approx -\frac{R'_L}{2R_E} \tag{3-10}$$

式（3-10）表明差动放大器的共模电压放大倍数与 R_E 成反比，当 R_E 的阻值越大，对共模信号的负反馈作用就越强，共模输出电压也就越小。单管输出时，不可能利用两管的对称性来消除共模输出电压 u_{oc}，只能利用 R_E 对共模信号的负反馈作用来减小 u_{oc}。

（3）双端输入单端输出电路

双端输入单端输出电路如图 3-7 所示。

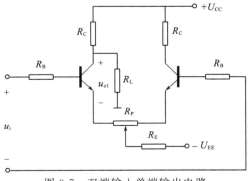

图 3-7 双端输入单端输出电路

由图 3-7 分析可知差模电压放大倍数为：

$$A_d = \frac{u_{o1}}{u_i} = -\frac{\beta(R_C /\!/ R_L)}{2(R_B + r_{be})} \tag{3-11}$$

若负载电阻 R_L 接在右侧晶体管的集电极上，即输出电压为 u_{o2}，则差模电压放大倍数可表示为：

$$A_d = \frac{u_{o1}}{u_i} = +\frac{\beta(R_C /\!/ R_L)}{2(R_B + r_{be})} \tag{3-12}$$

这种连接方式常用来将差动信号转换成单端输出的信号，以便与后面的放大电路处于共地状态，运放中常常采用这种连接方式。

（4）单端输入双端输出电路

参照单端输入单端输出电路中关于对单端输入的讨论和双端输入双端输出电路中对双端输出的讨论可知，单端输入双端输出电路的输出电压应为：

$$u_o = A_d u_i + A_c \frac{u_i}{2}$$

单端输入双端输出电路的电压放大倍数参照式（3-8）。

差动放大电路的四种输入输出方式及其性能进行比较见表 3-1。

表 3-1　差动放大电路的四种输入输出方式及其性能

输入方式	双端输入		单端输入	
输出方式	双端输出	单端输出	双端输出	单端输出
差模电压放大倍数 A_d	$-\dfrac{\beta R'_L}{R_B + r_{be}}$	$\pm\dfrac{\beta R'_L}{2(R_B + r_{be})}$	$-\dfrac{\beta R'_L}{R_B + r_{be}}$	$\pm\dfrac{\beta R'_L}{2(R_B + r_{be})}$
共模电压放大倍数 A_c	$A_c \to 0$	很小	$A_c \to 0$	很小
共模抑制比 K_{CMR}	很高	高	很高	高
差模输入电阻 R_{id}	$R_i = 2r_{be}$		$R_i = 2r_{be}$	
输出电阻 R_o	$R_o = 2R_C$	$R_o = R_C$	$R_o = 2R_C$	$R_o = R_C$

由以上分析可知，差模电压放大倍数、输入输出电阻值的大小仅同输出方式有关，与输入方式无关。

3.2　集成运放结构、特性和分析依据

3.2.1　集成运放的结构和参数

（1）集成运放的结构

集成运算放大器通常由输入级、电压放大级、输出级和偏置电路四部分组成，如图 3-8 所示。

集成运放的输入级通常由差动放大器组成，要求其输入电阻高、零点漂移小，能抑制

干扰信号，且具有灵活的输入输出方式。集成运放的输入级是决定运放输入电阻、共模抑制比、零点漂移和输入失调等诸多性能指标的关键部分。集成运放一般有两个输入端，一个称为同相输入端，一个称为反相输入端，信号由同相输入端输入时，输出电压与输入电压同相，当信号由反相输入端输入时，输出电压与输入电压反相。

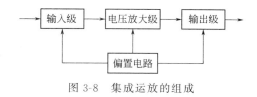

图 3-8　集成运放的组成

电压放大级又称中间级，主要作用是提高电压增益，一般由一级或多级共发射极或共基极放大电路组成。

输出级与负载相连，向负载提供一定的功率，应具有输出电阻低、带负载能力强，能够输出足够大的电压和电流，通常由射极输出器或互补对称功率放大器组成。

偏置电路由镜像恒流源、微电流等电路形式组成，为运放提供静态偏置电流。用于设置集成运放中各级电路的静态工作点。

图 3-9 给出了 μA741 型集成运放的简化电路原理图。μA741 是第二代通用型集成运放的典型产品，其开环电压放大倍数为 2.6×10^5，开环差模输入电阻为 $2M\Omega$。

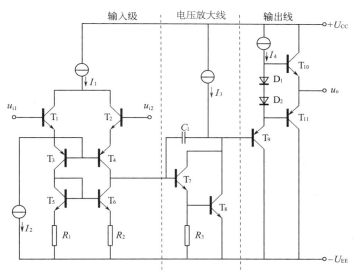

图 3-9　集成运放 μF741 的简化电路

图 3-10 所示为 μA741 型运放的引脚图，它共有 8 个引脚。其中 7 脚和 4 脚分别为正、负电源端，2 脚和 3 脚分别为运放的反相和同相输入端，6 脚为运放的输出端。1 脚和 5 脚之间可外接调零电位器 R_P，用于调整运放输出的零点，其接线图如图 3-11 所示。8 脚为空脚。

（2）集成运放的参数

集成运放的性能可以用一些参数来表示，为了合理运用和正确使用集成运放，必须了解其主要参数的含义。

图 3-10　μA741 引脚图

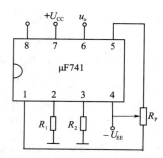

图 3-11　μA741 调零电路图

① 最大输出电压U_{OPP}。

与输入电压保持不失真关系的最大输出电压，称为运放的最大输出电压。电源电压为$\pm15V$ 时，U_{OPP}一般在$\pm13V$ 左右。

② 开环差模电压放大倍数A_{od}。

A_{od}是指运放在无外加反馈、工作在线性状态下的差模电压放大倍数，即：

$$A_{od} = \frac{u_o}{u_{id}}$$

其中，u_o表示运放的输出信号值；u_{id}表示运放同相输入端和反相输入端所加信号之差。A_{od}一般用对数表示，称为开环电压增益，即：

$$A_{od} = 20\lg \left| \frac{u_o}{u_{id}} \right| \text{ (dB)}$$

实际运放的A_{od}一般在 100dB 左右。

③ 开环差模输入电阻R_{id}。

R_{id}是指运放在加入差模输入信号时的等效输入电阻。R_{id}越大，运放从信号源取得的电流就越小。通用型运放的输入电阻一般为兆欧量级。

④ 开环输出电阻R_o。

R_o是指无外接反馈时运放的输出电阻，它与内部电路输出级的性能有关。R_o越小，运放的带负载能力越强。R_o一般为几欧至几百欧。

⑤ 最大差模输入电压U_{idm}。

U_{idm}是指运放反相输入端和同相输入端之间能够承受的最大电压，若超过此值，输入级差动管中的一根管子的发射结可能被反向击穿。

⑥ 最大共模输入电压U_{icm}。

U_{icm}是指运放所能承受的最大共模输入电压，超过此值，运放的共模抑制能力将显著下降。一般指运放在作电压跟随器时，使输出电压产生 1% 跟随误差的共模输入电压。

⑦ 共模抑制比。

运放的共模抑制比同差动放大器的这一概念相同，为开环差模放大倍数A_{od}与共模电压放大倍数A_c之比，即：

$$K_{CMR} = \frac{A_{od}}{A_c} \qquad 或 \qquad K_{CMR} = 20\lg\left|\frac{A_{od}}{A_c}\right| (dB)$$

K_{CMR}表明运放对共模信号的抑制能力，故越大越好，一般大于 70dB。

除以上参数外，运算放大器还有其他一些参数，如输入失调电压、输入失调电流、输入偏置电流、最大输出电流及静态功耗等。在选择运放时，必须使运放的有关参数满足实际应用的要求。

（3）集成运放的分类

按照集成运算放大器的参数种类，可将其分为通用型和专用型两类。通用型运算放大器就是以通用为目的而设计的，价格低廉、产品量大面广，各项参数比较适中，无突出的指标，应用范围最广泛，适用于一般性使用。例如 μF741（单运放）、LM358（双运放）、LM324（四运放）以及场效应管为输入级的 LF356 都属于此种类型。目前通用型集成运放已发展到第四代产品，具有低失调电压、低失调电流、低温漂、高开环增益、高共模抑制比、高输入阻抗的特点。

专用型运放是指某些单项指标达到比较高要求的运放，有高精度型、高速型、高阻型、高压型、大功率型、低功率型和宽带型等。

① 高精度型运算放大器：主要特点是漂移和噪声低，而开环增益和共模抑制比很高，应用于精密放大电路中。

② 高阻型运算放大器：主要特点是差模输入阻抗非常高，输入偏置电流非常小，主要用于精密放大电路、有源滤波器、采样-保持电路及 A/D、D/A 转换电路中。

③ 高速型运算放大器：在快速 A/D 和 D/A 转换器、视频放大器中，要求集成运算放大器的转换速率S_R一定要高，单位增益带宽BW_G一定要足够大。通常将转换速率S_R大于$30V/\mu s$的集成运放称为高速型运放。主要应用于 A/D 和 D/A 转换器、有源滤波器及高速采样-保持电路中。

④ 高压大功率型运算放大器：电源电压和最大输出电压超过±22V 的集成运放称为高压型运放。兼有高输出电压和高输出电流的集成运放称为大功率型运放。在普通的运算放大器中，若要提高输出电压或增大输出电流，集成运放外部必须要加辅助电路。高压大电流集成运算放大器外部不需附加任何电路，即可输出高电压和大电流。

⑤ 低功耗型运算放大器：由于电子电路集成化的最大优点是能使复杂电路小型轻便，所以随着便携式仪器应用范围的扩大，必须使用低电源电压供电、低功率消耗的运算放大器。通常是指电源电压为±15V 时，最大功耗不大于 6mW 或工作在低电源电压时，具有

低静态功耗，并保持良好性能指标的集成运放。

⑥ 宽带型运算放大器：单位增益带宽BW_G大于10MHz的集成运放称为宽带型运放，主要应用于滤波电路中。

3.2.2 集成运放的理想化模型

为简化分析和计算过程，通常在进行集成运算放大器的分析时，将实际运放理想化。所谓运放的理想化模型实际上是一组理想化参数，或者可看成是实际运放等效为理想运放的一组条件：

① 开环差模电压放大倍数$A_{od} \to \infty$；

② 开环差模输入电阻$R_{id} \to \infty$；

③ 开环输出电阻$R_o \to 0$；

④ 共模抑制比$K_{CMR} \to \infty$；

⑤ 通频带$f_{BW} \to \infty$。

实际集成运放的技术指标都是有限值，理想化后虽然会产生一些误差，但属于工程允许范围之内，却极大地简化了分析计算过程。况且目前不少新型的运放参数已接近于理想运放，使误差进一步缩小，因此在后面讨论的运放都采用理想化模型。集成运放的电路符号如图3-12所示，由于理想运放的开环电压放大倍数为无穷大，故图3-12（a）中用"∞"表示A_{od}，而实际运放的A_{od}为有限值，图3-12（b）中用"A"表示A_{od}的具体数值。符号"▷"表示信号的传输方向。运放有两个输入端和一个输出端，"＋"端表示同相输入端，"－"端表示反相输入端。为了简化电路符号，图中没有画出电源及其他外接元件的连接端，实际应用时，要按器件手册的引脚图连接电路。

(a) 理想运放的符号　　　　　　　　　　　(b) 实际运放的符号

图3-12　集成运算放大器的电路符号

3.2.3 集成运放的电压传输特性和分析依据

3.2.3.1 运放的电压传输特性

运算放大器的输出电压u_o与输入电压u_i（设$u_i = u_+ - u_-$）之间的关系称为运放的电压传输特性，即$u_o = f(u_i)$。电压传输特性曲线如图3-13所示。

从集成运放的传输特性曲线（图3-13）可以看出，电压传输特性分为线性区和非线性区两部分。集成运放可以工作在线性区，也可以工作在非线性区，分析方法也不一样。

（1）线性区

当集成运放工作在线性区时，作为一个线性放大器件，可以组成放大、运算、滤波以及正弦波振荡等电路，它的输入信号$(u_+ - u_-)$与输出信号u_o之间是线性关系，当$|u_i| <$

图 3-13 集成运放的电压传输特性曲线

U_{im} 时，有：

$$u_o = A_{od}(u_+ - u_-) \tag{3-13}$$

通常集成运放的开环差模放大倍数 A_{od} 很大，为了使其工作的线性区，大多引入深度负反馈，以减小集成运放的净输入，保证输出电压不会超出线性范围。

（2）非线性区

在线性区内集成运放内部的三极管都工作在放大状态。当运放处于开环或正反馈时，由于开环电压放大倍数 $A_{od} \to \infty$，即使只有很小的输入电压，也会导致集成运放的输出对管中一个饱和导通，一个截止。当 u_+ 略大于 u_- 时，$u_o = A_{od}(u_+ - u_-)$ 趋向输出正饱和电压 U_{om}；当 u_+ 略小于 u_- 时，$u_o = A_{od}(u_+ - u_-)$ 趋向输出负饱和电压 $-U_{om}$；输出电压的极性反映了两个输入电压的大小关系，可以用来比较两个输入电压的大小。由于晶体管的饱和管压降很小，所以运放的最大输出电压 $\pm U_{om}$ 在数值上非常接近正、负电源电压，当正、负电源的数值相等时，U_{om} 比 U_{CC} 低 1～2V。

对于实际运放来说，开环电压放大倍数很大，所以运放开环工作的线性范围非常小，通常仅在毫伏量级以下。如果要使运放工作在线性区，使得运放在较大信号输入时也能正常工作，必须在电路中引入深度负反馈，从而扩展运放的线性区。如果需要运放工作在非线性区，则要使运放工作在开环或正反馈状态下，从而减小线性区范围。

如果在理想运放条件下，其电压传输特性曲线如图 3-13（b）所示。由于开环电压放大倍数 $A_{od} \to \infty$，在传输特性曲线上，线性区不复存在，在输入电压过零时（即 $u_+ = u_-$），输出电压 u_o 发生跃变。

3.2.3.2 集成运放电路的工作方式

在分析运放应用电路时，必须根据运放工作在线性区还是非线性区所具有的特点和规律来进行分析。

（1）线性工作方式

当集成运放工作在线性区域时，处于线性工作方式，对于理想运放，有以下两条重要特点：

① 运放同相输入端与反相输入端对地电压相等，即 $u_+ = u_-$。

在式（3-13）中理想运放的开环电压放大倍数 $A_{od} \to \infty$，而输出电压 u_o 总为有限值，则由式（3-13）可得：

$$u_{id} = u_+ - u_- = \frac{u_o}{A_{od}} \approx 0$$

$$u_+ \approx u_- \tag{3-14}$$

上式说明运放的两个输入端对地电压近似相等，可把同相输入端和反相输入端之间看成短路，但并未真正短路，因此称为"虚短路"。

当同相输入端接地时，即 $u_+ = 0$ 时，由式（3-14）可知，$u_- \approx u_+ = 0$，反相输入端的电位接近地电位，但实际上并未真正接地，通常称反相输入端为"虚地"。当信号由反相输入端加入时，常利用"虚地"进行分析。

②理想运放两个输入端的电流都等于零，即 $i_+ = i_- = 0$。

由于集成运放的开环差模输入电阻 $r_{id} \to \infty$，流入运放输入端的电路极小，可认为近似为零，即

$$i_d = i_+ = i_- \approx 0 \tag{3-15}$$

由此可知，集成运放工作在线性区时，输入电流趋近于零，接近于断路，但并未真正断路，所以称为"虚断路"。

式（3-14）和式（3-15）表达了理想运放工作在线性区的"虚短"和"虚断"特点，极大地简化了运放应用电路的分析过程。在以下分析中，用到上两式时，均采用等号。一般实际的集成运放工作在线性区时，其技术指标与理想条件非常接近，因而上述两条特点是成立的。

（2）非线性工作方式

当集成运放工作在非线性区域时，对于理想运放，可有如下特点：

① 输出电压 u_o 等于运放的最大输出电压 U_{OPP}，且两输入端对地电压不一定相等，即 $u_+ \neq u_-$。

当输入电压 $u_+ > u_-$ 时，$u_o = +U_{OPP}$；

当输入电压 $u_+ < u_-$ 时，$u_o = -U_{OPP}$。

② 由于理想运放的 $R_{id} \to \infty$，虽然 $u_+ \neq u_-$，但仍有 $i_+ = i_- = 0$。

综上所述，理想运放工作在线性区和非线性区时，各有不同的特点，因此，在分析含运放的电路时，必须首先判断运放工作在线性区还是非线性区。在非线性区时，"虚断路"原则仍然适用，但"虚短路"原则不再适用。

3.3 模拟运算电路

运算放大器和外接电路元件组成模拟运算电路时，必须保证运放工作在线性状态。为此，应在运放的输出端和反相输入端之间接入不用的元器件构成深度负反馈，从而实现各种不同的运算电路。本节主要介绍由运算器构成的比例运算、加法、减法、微分、积分等电路。

3.3.1 比例运算电路

输出信号电压与输入信号电压之间存在着比例关系的电路称为比例运算电路。比例运

算电路是最基本的运算电路，是其他运算电路的基础。按输入方式的不同，比例运算电路
分为反相比例运算电路和同相比例运算电路。

（1）反相比例运算电路

反相比例运算电路如图 3-14 所示。输入信号u_i经电阻R_1加至基础运放的反相输入端，
同相输入端通过电阻R_2接地，R_f为反馈电阻，将输出电压u_o反馈至反相输入端，形成深
度电压并联负反馈，因此运放工作在线性区。下面分析反相比例运算电路输出信号与输入
信号之间的运算关系。

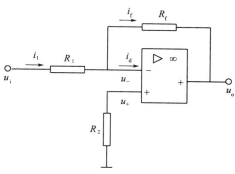

图 3-14　反相比例运算电路

由于运放的两个输入端实际上是运放输入级差分对管的基极，为使差分放大电路的参
数保持对称，应使差分对管基极对地的电阻尽量一致，因此R_2为直流平衡电阻，其阻
值为：

$$R_2 = R_1 /\!/ R_f$$

由"虚断路"原理可知，流入运放输入端的输入电流$i_d = 0$，列出反相输入端的 KCL
方程得$i_1 = i_f + i_d = i_f$。同时电阻R_2上的压降为零，同相输入端经R_2接地，故有$u_+ = 0$。
由"虚短路"原则可知，$u_+ = u_- = 0$，所以反相输入端为"虚地"，因此有：

$$i_1 = \frac{u_i - u_-}{R_1} = \frac{u_i}{R_1}$$

$$i_f = \frac{u_- - u_o}{R_f} = -\frac{u_o}{R_f}$$

由此可得：

$$u_o = -\frac{R_f}{R_1} u_i \tag{3-16}$$

输出电压与输入电压成反相比例关系，闭环电压放大倍数为：

$$A_{uf} = \frac{u_o}{u_i} = -\frac{R_f}{R_1} \tag{3-17}$$

电路的输入电阻为：

$$R_i = \frac{u_i}{i_1} = R_1$$

由式（3-16）可知，其输出电压和输入电压的幅值成正比，但相位相反，实现了反相比例

运算。比例系数由电阻R_f和R_1决定，而与集成运放内部各项参数无关。

反相比例运算电路特点：

① 由于反相比例运算电路的同相输入端和反相输入端对地电压都接近于零，即$u_+ = u_- = 0$。所以集成运放输入端的共模输入电压极小，因此对集成运放的共模抑制比要求低。

② 当$R_1 = R_f$时，$u_o = -u_i$，输入电压与输出电压大小相等，相位相反，被称为反相器。

③ 由于反相比例运算电路引入深度电压并联负反馈，所以输出电阻R_o小，带负载能力强。

（2）同相比例运算电路

同相比例运算电路如图 3-15 所示，输入信号u_i通过电阻R_2加在集成运放的同相输入端，反相输入端经电阻R_1接地，平衡电阻R_1的取值为$R_1 = R_2 /\!/ R_f$。为了保证集成运放工作在线性区，输出电压u_o通过电阻R_f反馈到运放的反相输入端。

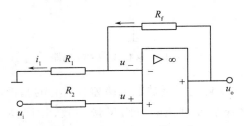

图 3-15　同相比例运算电路

根据"虚短路"和"虚断路"的概念，可得$u_+ = u_- = u_i$，$i_1 = i_f$，由此得到：

$$\frac{u_o - u_-}{R_f} = \frac{u_-}{R_1}$$

$$u_o = \left(1 + \frac{R_f}{R_1}\right) u_i \tag{3-18}$$

输出电压与输入电压成同相比例关系，电压放大倍数为：

$$A_{uf} = \frac{u_o}{u_i} = 1 + \frac{R_f}{R_1} \tag{3-19}$$

由于流入运放输入端的电流近似为零，因此输入电阻$R_i \to \infty$。同样，由于是电压负反馈，输出电阻很小。

同相比例运算电路特点：

① 当$R_f = 0$或$R_1 \to \infty$时，由式（3-18）可知，$u_o = u_i$，即输出电压与输入电压大小相等，相位相同，所以该电路又称为电压跟随器，如图 3-16 所示。电压跟随器具有输入电阻高、输出电阻低的特点，常用作阻抗变换器或作为输入级隔离缓冲器。

② 由于同相比例运算电路引入了深度电压串联负反馈，所以输入电阻很高，几乎不从信号源吸取电流，输出电阻很低，向负载输出电流时几乎不在内部引起压降，电路带负载能力强，在多级电路中常作为输入级、输出级和中间缓冲级。

③ 由于$u_+ = u_- = u_i$，即同相比例电路的共模输入信号为u_i，因此，对集成运放的共

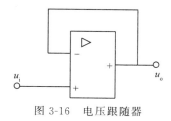

图 3-16　电压跟随器

模抑制比要求高，这是它的主要确定，限制了它的适用场合。

（3）差动比例运算电路

差动比例运算电路如图 3-17 差动比例运算电路所示。输入电压 u_{i1} 经电阻 R_1 加载在运放的反相输入端，电压 u_{i2} 经电阻 R_2 和 R_3 分压加到同相输入端，输出电压 u_o 经反馈电阻 R_f 接到反相输入端，以保证电路仍引入负反馈。

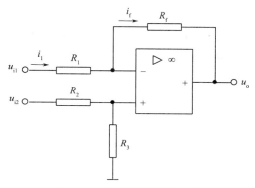

图 3-17　差动比例运算电路

由差动比例运算电路的电路图可以看出，差动比例运算可以看成是反相比例运算和同相比例运算的叠加，先后求出 u_{i1} 和 u_{i2} 分别作用时所产生的输出电压分量，在使用叠加原理求出两个输出分量的代数和。由于运放接有深度负反馈，处于线性状态，可满足叠加原理的使用条件。

设 u_{i1} 单独作用时产生的输出电压分量为 u_{o1}，u_{i2} 单独作用时产生的输出电压分量为 u_{o1}，同相输入端电压 u_+ 与输入信号 u_{i2} 之间存在关系式：

$$u_+ = \frac{R_3}{R_2 + R_3} u_{i2}$$

u_{i1} 单独作用时的电路如图 3-18（a）所示，u_{i2} 单独作用时的电路如图 3-18（b）所示。

u_{i1} 单独作用时可将电路看作是反相比例运算电路，根据理想运放的两条重要结论，可以得到 $u_+ = u_- = 0$，从而得到输出电压为：

$$u_{o1} = -\frac{R_f}{R_1} u_{i1}$$

u_{i2} 单独作用时可将电路看作是同相比例运算电路，根据"虚短路"原理可知：

$$u_- = u_+ = \frac{R_3}{R_2 + R_3} u_{i2}$$

由"虚断路"原理得到 $i_1 = i_f$，因此可得：

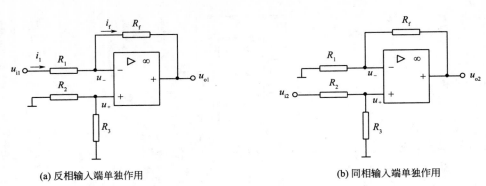

(a) 反相输入端单独作用   (b) 同相输入端单独作用

图 3-18 差动电路叠加原理图

$$\frac{u_{o2} - u_-}{R_f} = \frac{u_-}{R_1}$$

$$u_{o2} = \left(1 + \frac{R_f}{R_1}\right) u_- = \left(1 + \frac{R_f}{R_1}\right) \frac{R_3}{R_2 + R_3} u_{i2}$$

当输入 u_{i1} 和 u_{i2} 同时作用时，输出电压为：

$$u_o = u_{o1} + u_{o2} = -\frac{R_f}{R_1} u_{i1} + \left(1 + \frac{R_f}{R_1}\right) \frac{R_3}{R_2 + R_3} u_{i2} \qquad (3-20)$$

若取 $R_1 = R_2$，$R_3 = R_f$，式（3-20）可写成：

$$u_o = \frac{R_f}{R_1}(u_{i2} - u_{i1}) \qquad (3-21)$$

若再取 $R_1 = R_f$，则有

$$u_o = u_{i2} - u_{i1}$$

由以上分析可知，输出电压 u_o 与两个输入电压之差 $(u_{i2} - u_{i1})$ 成正比，故称为差动比例运算或差动输入放大电路，适当选取外接电阻，则可以成为减法运算电路。差动比例运算电路结构简单，但输出与电路中各个电阻均有关系，所以参数调整比较困难。

【例 3-1】在图 3-19 所示的电路中，设 $R_f \gg R_4$，求闭环放大倍数 A_{uf}。

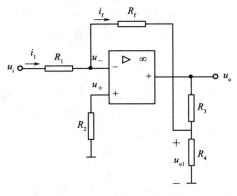

图 3-19 【例 3-1】图

解：由于 $R_f \gg R_4$，忽略 R_f 在输出回路的分流作用，则分压后的电压值为：

$$u_{o1} = \frac{R_4}{R_3 + R_4} u_o$$

根据"虚地"原则，$u_+ = u_- = 0$，

$$i_1 = \frac{u_i}{R_1}$$

$$i_f = -\frac{u_{o1}}{R_f}$$

根据"虚断路"原理，有 $i_1 = i_f$，所以

$$\frac{u_i}{R_1} = -\frac{u_{o1}}{R_f} = -\frac{R_4}{R_f(R_3 + R_4)} u_o$$

因此，电压放大倍数为：

$$A_{uf} = \frac{u_o}{u_i} = -\frac{R_f}{R_1}\left(1 + \frac{R_3}{R_4}\right)$$

由于 $R_f \gg R_4$，因此平衡电阻 $R_2 \approx R_1 /\!/ R_f$。在 R_1 和 R_f 固定不变时，此电路的电压放大倍数成为：

$$A_{uf} = 1 + \frac{R_3}{R_4}$$

通过调节 R_3 和 R_4 的比值，即可方便的调节输出电压 u_o 与输入电压 u_i 的比例，而不必改变平衡电阻 R_2 的阻值。

【例 3-2】图 3-20 采用了两级运放电路实现的差分比例运算电路，试写出电路的运算关系。

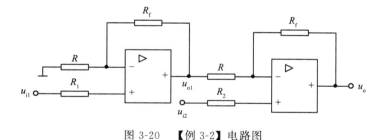

图 3-20　【例 3-2】电路图

解：第一个运放为同相比例运算电路，由式（3-18）可得：

$$u_{o1} = \left(1 + \frac{R_f}{R}\right)u_{i1}$$

将第一个运放的输出电压 u_{o1} 作为输入电压加载于第二个运放，则第二个运放可以看作是差分比例运算电路，利用叠加原理，可得

$$u_o = -\frac{R_f}{R}u_{o1} + \left(1 + \frac{R_f}{R}\right)u_{i2} = \left(1 + \frac{R_f}{R}\right)\left(u_{i2} - \frac{R_f}{R}u_{i1}\right)$$

如果电路中选取 $R_f = R$，则上式可变成：

$$u_o = 2(u_{i2} - u_{i1})$$

可以看出，图 3-20 所示电路实现了差分比例运算，且对于 u_{i1} 和 u_{i2} 来说，均可认为输入电

阻很大，所以它不仅克服了图 3-17 差动比例运算电路所示电路输入电阻比较小的不足，而且使得电阻的选取和调整更为方便。

3.3.2 模拟运算电路

运算放大器除构成比例运算电路外，还可以构成加法、减法、积分、微分等运算电路，下面根据电路特点推导出这些运算关系式。

3.3.2.1 加法运算电路

在同一输入端增加若干输入电路，则构成加法运算电路，加法电路具有同相输入和反相输入两种。

（1）反相加法运算电路

反相加法运算电路可实现信号的加法运算，电路如图 3-21 所示，它是利用反相比例运算电路实现的。电路中给出了具有三个输入端的反相加法运算电路，该电路实际上是在反相比例运算电路的基础上增加了两个输入端口，输入信号 u_{i1}、u_{i2}、u_{i3} 分别通过电阻 R_1、R_2、R_3 加至运放的反相输入端。在同相输入端仍然接有直流平衡电阻 R_p，其阻值为 $R_p = R_1 /\!/ R_2 /\!/ R_3 /\!/ R_f$。

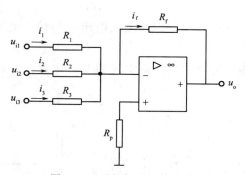

图 3-21　反相加法运算电路

各支路电流分别为：

$$i_1 = \frac{u_{i1}}{R_1}, \ i_2 = \frac{u_{i2}}{R_2}, \ i_3 = \frac{u_{i3}}{R_3}$$

由"虚断路"原则，$i_f = i_1 + i_2 + i_3$，此电路符合"虚地"原则，$u_+ = u_- = 0$，因此：

$$-\frac{u_o}{R_f} = \frac{u_{i1}}{R_1} + \frac{u_{i2}}{R_2} + \frac{u_{i3}}{R_3}$$

整理后得：

$$u_o = -\left(\frac{R_f}{R_1} u_{i1} + \frac{R_f}{R_2} u_{i2} + \frac{R_f}{R_3} u_{i3} \right) \tag{3-22}$$

上式表明，电路的输出电压为输入电压按不同比例相加所得的结果，"—"号表示输出电压与输入电压相位相反。

当 $R_1 = R_2 = R_3 = R$ 时，可得：

$$u_o = -\frac{R_f}{R}(u_{i1} + u_{i2} + u_{i3}) \tag{3-23}$$

实现了各信号按比例进行加法运算。

（2）同相加法运算电路

图 3-22 为两个输入信号的同相加法电路，信号由同相端输入。由"虚断路"原则可得：

$$u_- = \frac{R}{R_f + R} u_o, \quad u_+ = \frac{\dfrac{u_{i1}}{R_1} + \dfrac{u_{i2}}{R_2}}{\dfrac{1}{R_1} + \dfrac{1}{R_2} + \dfrac{1}{R_p}}$$

根据运放输入端电阻平衡的要求，令：

$$R_1 \; /\!/ \; R_2 \; /\!/ \; R_p = R \; /\!/ \; R_f$$

由此可得：

$$\frac{1}{R_1} + \frac{1}{R_2} + \frac{1}{R_p} = \frac{R_f + R}{R_f R}$$

由"虚短路"原则 $u_+ = u_-$，得：

$$\frac{R}{R_f + R} u_o = \frac{R_f R}{R_f + R} \left(\frac{u_{i1}}{R_1} + \frac{u_{i2}}{R_2} \right)$$

$$u_o = \frac{R_f}{R_1} u_{i1} + \frac{R_f}{R_2} u_{i2} \tag{3-24}$$

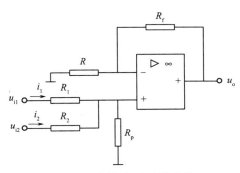

图 3-22　同相加法运算电路

在比例运算电路和加法运算电路中，信号由反相输入端输入时，运放的两个输入端"虚地"，无共模信号；信号由同相输入端输入时，运放的两个输入端有共模信号，为使运算精确，运放的共模放大倍数就有较高的要求，因此，反相运算电路的应用要比同相运算电路广泛。另外，对于同相比例运算电路来说，当要改变某支路输入电压与输出电压的比例关系而调节该支路电阻时，必须同时调节 R_f 的大小，因此电路的调试比较复杂。

【例 3-3】电路如图 3-23 所示，已知：$R_1 = R_2 = R_{f1} = 30\text{k}\Omega$，$R_3 = R_4 = R_{f2} = 10\text{k}\Omega$，$R_{p1} = R_{p2} = 10\text{k}\Omega$。$u_{i1} = 0.3\text{V}$，$u_{i2} = 0.4\text{V}$，$u_{i3} = 0.5\text{V}$，求输出电压 u_o 的值。

解：从电路图可知，运放的第一级为反相求和电路，第二级为差动比例运算电路。

由式（3-22）可得：

$$u_{o1} = -\frac{R_{f1}}{R_1} u_{i1} - \frac{R_{f1}}{R_2} u_{i2} = -0.7\text{V}$$

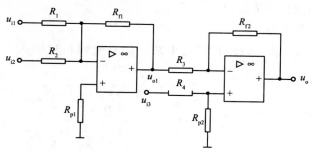

图 3-23 【例 3-3】电路图

由式（3-20）差动放大电路计算公式得：

$$u_o = -\frac{R_{f2}}{R_3} u_{o1} + \frac{R_3 + R_{f2}}{R_3} \cdot \frac{R_{p2}}{R_{p2} + R_4} u_{i3} = 0.7 + 2 \times \frac{1}{2} \times 0.5 = 1.2\text{V}$$

3.3.2.2 积分电路

积分电路可实现积分运算，是控制和测量系统中的重要组成部分，利用它可以实现信号的延时、定时、产生三角波等其他波形。

积分运算电路如图 3-24 所示。输入信号通过电阻 R 加载在运放的反相端，输出电压通过电容 C 反馈到反相输入端，同相端接有平衡电阻 R_p，且 $R_p = R$。观察电路图可以看出，用电容 C 取代反相比例运算电路中的反馈电阻 R_f，即可构成反相输入积分运算电路。

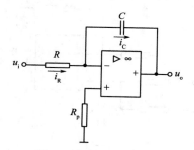

图 3-24 积分运算电路

根据"虚断路"概念可知，$i_R = i_C$，考虑到电容的伏安特性关系，得：

$$i_C = C\frac{\mathrm{d}u_C}{\mathrm{d}t} = -C\frac{\mathrm{d}u_o}{\mathrm{d}t}$$

$$i_R = \frac{u_i}{R}$$

因此：

$$\frac{u_i}{R} = -C\frac{\mathrm{d}u_o}{\mathrm{d}t}$$

$$u_o = -\frac{1}{RC}\int u_i \mathrm{d}t \tag{3-25}$$

由上式可以看出，输出电压与输入电压成积分关系，实现了积分运算。

【例 3-4】积分电路如图 3-24 所示，输出信号为一对称方波，如图 3-25（a）所示。试画出输出电压的波形。

解：积分电路的输出电压为：

$$u_o = -\frac{1}{RC}\int u_i \, dt$$

在时间 $0 \sim t_1$ 期间，有：

$$u_o = -\frac{1}{RC}\int_0^{t_1}(-E)\,dt = \frac{E}{RC}t_1$$

在时间 $t_1 \sim t_2$ 期间，有：

$$u_o = -\frac{1}{RC}\int_{t_1}^{t_2}E\,dt + u_C(t_1)$$

当 $t = t_2$ 时，$u_o = -U_m$。重复上述计算，得到三角形波输出，如图 3-25（b）所示。

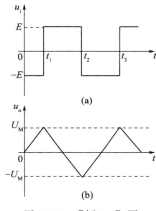

(a)

(b)

图 3-25　【例 3-4】图

由此例可以看出，当输入为方波时，输出为三角形波，实现了波形的变换，这也是积分电路的作用之一。

3.3.2.3　微分电路

微分是积分的逆运算，将积分电路中的电阻 R 和电容 C 的位置互换，即可组成微分电路，如图 3-26 所示。

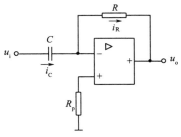

图 3-26　微分运算电路

在这个电路中，同相输入端为"虚地"，再根据"虚断路"的概念，得：

$$u_c = u_i, \quad i_R = i_C$$

假设电容 C 的初始电压为零，那么：

$$i_C = C \frac{\mathrm{d}\, u_i}{\mathrm{d}t}$$

则输出电压为：

$$u_o = -i_R R = -RC \frac{\mathrm{d}\, u_i}{\mathrm{d}t}$$

可见输出电压 u_o 是输入电压 u_i 对时间的微分，且相位相反。

式中 $\tau = RC$ 为微分时间常数。使用微分电路可以实现波形的变换，如图 3-27 所示。当输入信号为矩形脉冲时，输出信号为一正一负两个尖脉冲。在矩形脉冲的上升沿，即图中 $t=0$ 时刻，$\frac{\mathrm{d}\, u_i}{\mathrm{d}t} > 0$，故 $u_o = -RC \frac{\mathrm{d}\, u_i}{\mathrm{d}t} < 0$；而在下降沿，即图中 $t=t_1$ 时刻，$\frac{\mathrm{d}u_i}{\mathrm{d}t} < 0$，故 $u_o = -RC \frac{\mathrm{d}u_i}{\mathrm{d}t} > 0$。而在其他时刻，$u_i$ 为恒定值，$u_o = -RC \frac{\mathrm{d}\, u_i}{\mathrm{d}t} = 0$，因此，上升沿对应的输出电压是一个负的尖脉冲，而下降沿对应的输出电压时一个正的尖脉冲。

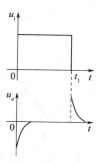

图 3-27　微分电路的输入输出波形

除上述介绍的几种常用的运算电路外，还有对数和指数运算电路，乘法和除法运算电路，电压-电流转换电路等，仿照比例运算电路的推导方法，可导出这些运算关系式，在此不作详细阐述，有兴趣的同学可自行推导。下面通过一些例题进一步说明运算放大器的线性应用。

【例 3-5】试用集成运放实现以下运算关系。设反馈电阻 $R_f = 100\mathrm{k\Omega}$，画出电路图，并计算各电阻的阻值。

①$u_o = 10u_{i1} + 5u_{i2} + 2u_{i3}$；

②$u_o = 0.2u_{i1} - 5u_{i2} + u_{i3}$。

解：①这是一个加法运算电路，实现题目要求既可以使用同相加法运算电路，也可以使用反相加法运算电路。由于同相加法运算电路的参数设置涉及了电路中所有的电阻，电路设计复杂。所以此次设计采用反相加法运算电路，并增加一级反相器，最终获得同相加法运算的结果。

反相加法运算电路如图 3-21 所示，输出信号与输入信号之间的关系式为：

$$u_{o1} = -\left(\frac{R_f}{R_1} u_{i1} + \frac{R_f}{R_2} u_{i2} + \frac{R_f}{R_3} u_{i3} \right)$$

反相器电路如图 3-28 所示，其中$R_5 = R_f$。输入信号与输出信号之间的关系为：

$$u_o = -\frac{R_f}{R_5} u_{o1} = \frac{R_f}{R_5}\left(\frac{R_f}{R_1} u_{i1} + \frac{R_f}{R_2} u_{i2} + \frac{R_f}{R_3} u_{i3}\right)$$

由已知条件$R_f = 100\text{k}\Omega$ 可知，反相器中$R_5 = R_f = 100\text{k}\Omega$。

$$\frac{R_f}{R_1} = 10, \ \frac{R_f}{R_2} = 5, \ \frac{R_f}{R_3} = 2$$

得到：$R_1 = 10\text{k}\Omega$，$R_2 = 20\text{k}\Omega$，$R_3 = 50\text{k}\Omega$

平衡电阻：

$$R_4 = R_1 \mathbin{/\mkern-5mu/} R_2 \mathbin{/\mkern-5mu/} R_3 \mathbin{/\mkern-5mu/} R_f = 10 \mathbin{/\mkern-5mu/} 20 \mathbin{/\mkern-5mu/} 50 \mathbin{/\mkern-5mu/} 100 \approx 5.56\text{k}\Omega$$

$$R_6 = R_5 \mathbin{/\mkern-5mu/} R_f = 50\text{k}\Omega$$

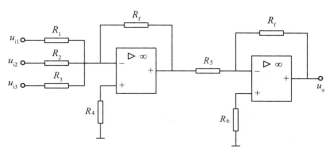

图 3-28　【例 3-5】①电路图

在反相加法运算电路中，可以单独改变某一支路的电阻，从而改变输出信号与该项输入信号之间的比例关系，对其他支路的输入信号运算关系没有任何影响，调整方便。因此，在实际的系统中，常用反相加法运算电路来对不同比例的信号进行调整。

② 分析此运算关系式可以看出，此关系式中既有加法运算，又有减法运算，因此可以采用差分运算电路，将u_{i1}和u_{i3}接在电路的同相输入端，u_{i2}接在电路的反相输入端。电路如图 3-29 所示。

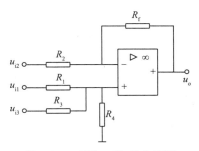

图 3-29　【例 3-5】②电路图

差动运算电路的计算关系式见式（3-8）。按公式推导方法进行分析，当同相输入端接地时，反相输入端的输入输出信号关系为：

$$u_{o1} = -\frac{R_f}{R_2} u_{i2}$$

当反相输入端接地时，根据"虚断路"和"虚短路"概念，可得：

$$u_{o2} = \frac{R_f}{R_1} u_{i1} + \frac{R_f}{R_3} u_{i3}$$

综上所述，可知输入与输出的运算关系式为：

$$u_o = u_{o1} + u_{o2} = \frac{R_f}{R_1} u_{i1} + \frac{R_f}{R_3} u_{i3} - \frac{R_f}{R_2} u_{i2}$$

由已知条件$R_f = 100\text{k}\Omega$，可以计算出：$R_1 = 500\text{k}\Omega$，$R_2 = 20\text{k}\Omega$，$R_3 = 100\text{k}\Omega$。

平衡电阻关系式为：$R_2 /\!/ R_f = R_1 /\!/ R_3 /\!/ R_4$，由此计算得到：

$$R_4 \approx 20.84\text{k}\Omega$$

运算关系也可以用两个集成运放完成，先将u_{i1}和u_{i3}作为反相加法电路的输入信号，其输出信号与u_{i2}再作为另一个反相加法电路的输入信号进行相加。此方法本书不作详细阐述，有兴趣的同学可自行推导。

3.4 有源滤波电路

在自动控制系统以及数据采集系统等许多场合，为保证输入信号的精度，经常要对信号进行滤波、整型以及幅度鉴别等工作，本节主要讨论由运放构成的有源滤波电路。

3.4.1 滤波电路的作用和分类

滤波器实质上是一种选频电路，允许指定频率范围的信号顺利通过，而对频率范围之外的其他频率信号加以抑制，使其大幅衰减。在工程上常使用滤波器进行模拟信号的处理，如数据传输、抑制干扰等。

根据电路工作信号的频率范围，滤波器主要分为以下四大类。

① 低通滤波器（LPF）：低频信号能够通过，而高频信号不能通过的滤波器。其理想的幅频特性曲线如图 3-30（a）所示，f_o称为截止频率。只有低于截止频率值的信号才能顺利通过低通滤波器。

② 高通滤波器（HPF）：与低通滤波器的性能相反，即只允许频率高于截止频率的信号通过，而低于此频率的信号则不能通过。其理想的幅频特性曲线如图 3-30（b）所示，而实际上由于受到滤波器电路元件带宽的影响，高通滤波器的通品宽度也是有限的。

③ 带通滤波器（BPF）：频率在某一个频带范围内的信号能够通过，而其他频率信号则不能通过。其理想的幅频特性曲线如图 3-30（c）所示，f_1和f_2分别称为低边截止频率和高边截止频率。

④ 带阻滤波器（BEF）：与带通滤波器性能相反，即某个频带范围内的信号被阻断，而其余频率的信号则允许通过，其理想幅频特性曲线如图 3-30（d）所示。与高通滤波器相似，受电路元器件通频带的影响，高频段的通频带也是有限的。

图 3-30 介绍的都是滤波器的理想情况，实际的滤波器都不可能具有图中所示的幅频特性，在通带和阻带之间存在着过渡带。过渡带越窄，则电路的滤波特性越接近理想滤波器，电路的选通性能越好。

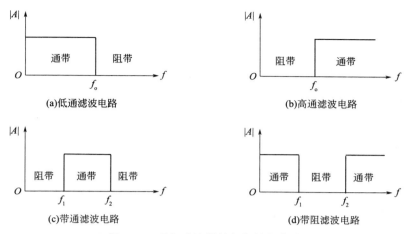

图 3-30 理想滤波器的幅频特性曲线

早期的滤波器主要由 R、C 和 L 等无源元件构成，称为无源滤波电路。随着集成运放的发展，由有源元件（三极管、场效应管、运放等）与无源元件 R、C 共同组成的滤波器称为有源滤波电路，本节只介绍有源滤波电路。

3.4.2 低通滤波电路

低通滤波电路如图 3-31 所示，根据无源滤波网络 RC 接入运放的不同输入端，可以分为同相输入和反相输入滤波器。

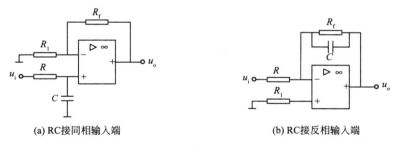

图 3-31 低通滤波电路

下面以同相输入低通有源滤波电路为例，分析其幅频特性。在图 3-31（a）中，输入信号 u_i 接入同相输入端，由于在有源滤波器中加入了深度负反馈，使运放工作在线性状态，因此可以根据同相比例电路的运算关系式，得到输出电压 u_o 与输入电压 u_i 之间的关系式为：

$$u_o = \left(1 + \frac{R_f}{R_1}\right) u_+$$

而

$$u_+ = \frac{\frac{1}{j\omega C} u_i}{R + \frac{1}{j\omega C}} = \frac{1}{1 + j\omega RC} u_i$$

由此可以得到：

$$u_o = \left(1 + \frac{R_f}{R_1}\right)\frac{\dfrac{1}{j\omega C}}{R + \dfrac{1}{j\omega C}}u_i$$

电路的放大倍数为：

$$A_u = \frac{u_o}{u_i} = \left(1 + \frac{R_f}{R_1}\right)\frac{1}{1 + j\omega RC} = \left(1 + \frac{R_f}{R_1}\right)\frac{1}{1 + j\omega/\omega_o} = \left(1 + \frac{R_f}{R_1}\right)\frac{1}{1 + jf/f_o}$$

式中，$\omega_0 = \dfrac{1}{RC}$ 称为上限截止角频率；相应的上限截止频率为 $f_o = \dfrac{1}{2\pi RC}$。令 $A_{up} = A_o = 1 + \dfrac{R_f}{R_1}$，称为通带电压放大倍数，则上式可写为：

$$A_u = \frac{A_{up}}{1 + jf/f_o}$$

由此可得低通滤波器的幅频特性曲线如图 3-32 所示，其中图 3-32（a）为低通滤波器的理想特性。对比分析无源低通滤波器可知，两者的通带截止频率 f_o 相同，均与 RC 的乘积成反比，但引入集成运放后，通带电压放大倍数和带负载能力都得到了提高。

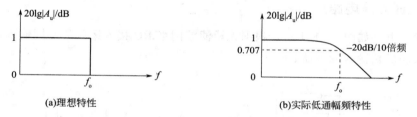

(a)理想特性   (b)实际低通幅频特性

图 3-32   低通滤波电路的幅频特性

由图 3-32 对比可知，低通滤波电路的实际幅频特性与理想特性相差较大，当 $f \geqslant f_o$ 时，幅频特性的衰减太慢，在对数幅频特性中以 -20dB / 10 倍频的速度缓慢下降。我们将这种电路称为一阶滤波电路，为提高衰减速度，再这种电路上再增加一级 RC，组成二阶滤波电路（图 3-33），使得它的幅频特性在 $f \geqslant f_o$ 时，以 -40dB / 十倍频的速率下降，幅频特性更接近于理想特性。

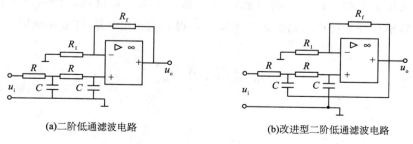

(a)二阶低通滤波电路   (b)改进型二阶低通滤波电路

图 3-33   二阶低通滤波电路

3.4.3 高通滤波电路

将低通滤波器中的起滤波作用的电阻和电容相互换位，则构成相应的高通滤波器。幅频特性分析方法同低通滤波器相同，下面以二阶高通滤波器为例分析其幅频特性。

图 3-34 为二阶有源高通滤波器的电路图。对比分析可知，这个电路也是在二阶低通滤波器的基础上，将滤波电阻和电容互换位置后得到的。

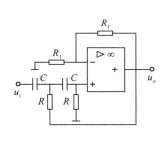 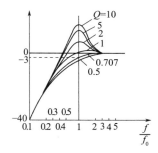

(a)二阶高通滤波电路　　　　　　　　(b)高通滤波电路幅频特性

图 3-34　二阶高通滤波电路

分析方法同二阶低通滤波电路相同，可以得到二阶高通滤波电路的电压放大倍数为：

$$A_\text{u} = \frac{u_\text{o}}{u_\text{i}} = \frac{(\text{j}\omega RC)^2 A_\text{up}}{1 + (3 - A_\text{up})\text{j}\omega RC + (\text{j}\omega RC)^2} = \frac{A_\text{up}}{1 - \left(\dfrac{f_0}{f}\right) - \text{j}\,\dfrac{1}{Q}\,\dfrac{f_0}{f}}$$

其中 A_up、f_0 和 Q 分别表示二阶高通滤波电路的通带电压放大倍数、通带截止概率和等效品质因数。它们的表达式与二阶低通滤波电路的表达式相同。对比分析高通滤波电路和低通滤波电路的电压放大倍数公式可以看出，两式中的 f 和 f_0 具有对偶关系，由幅频特性也可以看出，高通滤波器和低通滤波器的对数幅频特性具有"镜像"关系。

3.4.4 带通滤波电路和带阻滤波电路

将截止频率为 f_1 的低通滤波电路和截止频率为 f_2 的高通滤波电路进行不同的组合，从而获得带通和带阻滤波电路。

如图 3-35 所示，将一个通带截止频率为 f_1 的低通滤波电路和一个通带截止频率为 f_2 的高通滤波电路串联起来，当满足条件 $f_1 > f_2$ 时，构成带通滤波电路，f_2 和 f_1 之间的频带即为带通滤波电路的通带，原理示意图如图 3-35 所示。

根据上述原理组成的带通滤波电路的典型电路如图 3-36 所示。输入端的电阻 R_1 和电容 C_1 构成低通电路，另一个电阻 R_2 和电容 C_2 构成高通电路二者串联起来接入同相输入端。电阻 R 和 R_f、集成运放组成同相比例运算电路。

带通滤波电路经常用于抗干扰设备中，以便接收某一频带范围内的有效信号，消除低频带或高频带的干扰信号。

如图 3-37 所示，将一个通带截止频率为 f_1 的低通滤波电路和一个通带截止频率为 f_2 的高通滤波电路并联起来，当满足条件 $f_1 < f_2$ 时，构成带阻滤波电路，带阻滤波器常用于抗干扰设备中阻止某个频带范围内的干扰信号通过，其原理示意如图 3-38 所示。

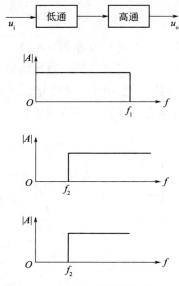

图 3-35　带通滤波器原理图

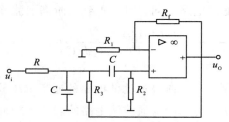

图 3-36　带通滤波器电路

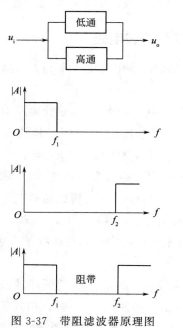

图 3-37　带阻滤波器原理图

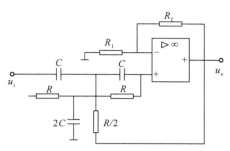

图 3-38　带阻滤波器原理图

这是由两个 RC 选频网络组成的双 T 带阻滤波器，两个电阻和电容 $2C$ 组成低通电路，两个电容和电阻 $R/2$ 组成高通电路，运放仍组成同相比例放大电路。工作过程中，低频信号通过低通电路到达同相端，而高频信号经过高通电路到达同相端，对于频率处于低频和高频中间的某一范围内的信号则被大幅衰减后到达同相端，因此电路具有"带阻"的功能。

3.5　电压比较器

电压比较器（简称比较器）是一种常用的模拟信号处理电路。它的功能是用来比较输入电压 u_i 和参考电压 U_R 的大小，并将比较结果以高电平或低电平形式输出，据此来判断输入信号的大小和极性。电压比较器可以用集成放大器组成，也可以采用专用的集成电压比较器。在由集成运算放大器所构成的电压比较器中，运放大多处于开环状态，有时为了使比较器输出状态的转换更快，以提高响应速度，也会在电路中引入正反馈。

电压比较器通常具有两个输入端，输入信号为连续变化的模拟量，而输出信号的高电平或低电压可以看作是数字量"0"或"1"，因此比较器可以作为模拟电路和数字电路的"接口"，常用于波形的产生和变换、模数转换及越限报警等方面。

根据输出信号与输入信号的关系，即电压传输特性，比较器可分为过零比较器、单限比较器、滞回比较器和双限比较器等。

3.5.1　简单电压比较电路

电压比较器中的集成运算放大电路通常工作在非线性区，满足如下关系：

$$当 U_+ > U_- 时，U_o = U_{OH}（正向饱和）$$
$$当 U_+ < U_- 时，U_o = U_{OL}（负向饱和）$$

由上式可知，工作在非线性区的运放，当 $U_+ > U_-$ 或 $U_+ < U_-$ 时，其输出状态都保持不变，只有当 $U_+ = U_-$ 时，输出状态才能够发生跃变。反之，若输出状态发生跃变，必定发生在 $U_+ = U_-$ 的时刻。将比较器输出状态发生跃变时刻所对应的输入电压值称为比较器的阈值电压，或称为门限电压，记作 U_{TH}。比较器的输出电压 u_o 与输入电压 u_i 之间的对应关系称作比较器的传输特性。按输入方式的不同，输入电压 u_i 由运放的"一"端输入，则称为反相比较器，输入电压 u_i 由运放的"＋"端输入，则称为同相比较器。

简单的电压比较器通常只含有一个运放，处于开环工作状态的集成运放构成了一种最简单的过零比较器，如图 3-39 所示，由于其只有一个门限电压，因此也称为单限比较器。

在图 3-39（a）中参考电压 $U_R = 0$，即阈值电压 $U_{TH} = 0$。工作原理：当 $u_i < 0$ 时，净输入信号 $u_d = u_- - u_+ = u_i - U_R < 0$，即 $u_- < u_+$，故运算放大器的输出为正向饱和，比较器输出为高电平，即 $u_o = U_{OH}$；同理，当 $u_i > 0$ 时，净输入信号 $u_d = u_- - u_+ = u_i - U_R > 0$，即 $u_- > u_+$，运算放大器的输出为反向饱和，比较器输出为低电平，即 $u_o = U_{OL}$，这种过零比较器的传输特性如图 3-39（b）所示。

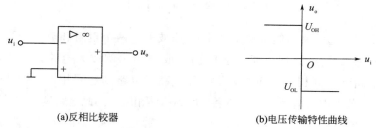

(a)反相比较器　　　　　　　　　　　(b)电压传输特性曲线

图 3-39　简单过零比较器

图中的过零比较器采用反相输入方式，如果需要，也可采用同相输入方式。

这种过零比较器电路简单，但是输出电压值受运算放大器输出限制，输出电压幅值较高。而在有些场合，要求电压比较器的输出电平与其他电路的高、低电平相配合，通常会在运放的输出端连接稳压管，对输出电压进行限幅，合理选择稳压管的稳压值 U_Z，即可得到不同的输出电平值。反相输入限幅比较器的电路和电压传输特性曲线如图 3-40 所示。图中 D_Z 为双向稳压管，对运算放大器的输出电压进行双向限幅。正常工作时，稳定电压为 $\pm(U_Z + U_D) \approx \pm U_Z$，$U_D$ 为硅稳压管正向导通电压，通常情况下可以将其忽略不计。在使用限幅比较器电路时需要注意的是，在接入稳压管时，必须串入限流电阻，从而保证稳压管的输入电流在合适的范围内；另外，稳压管的幅值应小于运放饱和电压值，使得稳压管处于反向击穿区，达到限幅作用。

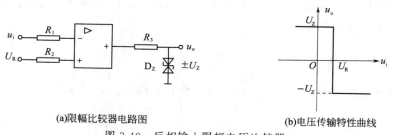

(a)限幅比较器电路图　　　　　　　　　(b)电压传输特性曲线

图 3-40　反相输入限幅电压比较器

工作原理：当 $u_i < U_R$ 时，净输入信号 $u_d = u_- - u_+ = u_i - U_R < 0$，即 $u_- < u_+$，则输出电压 $u_o = +U_Z$；同理，当 $u_i > U_R$ 时，净输入信号 $u_d = u_- - u_+ = u_i - U_R > 0$，即 $u_- > u_+$，则输出电压 $u_o = -U_Z$。

分析上述比较器电路可知，输出电压 u_o 由高（低）电平跃变到低（高）电平的临界条件是 $u_- = u_+$，达到这一条件对应的输入电压即为阈值电压 U_{TH}，对于过零电压比较器来说，$U_{TH}=0$，对非过零电压比较器来说，$U_{TH}=U_R$。这种只有一个阈值电压的比较器称为单限比较器，其阈值电压为参考电压值。

利用简单电压比较器，可以把正弦波或其他周期波形变换成同频率的矩形波或方波。

【例 3-6】电压比较器电路如图 3-40 (a) 所示，设 $u_i=12\sin\omega t$，$U_R=0$，$U_R=-4V$ 和 $U_R=8V$，稳压管的稳定电压值 $\pm U_Z=\pm5V$。要求：①画出比较器的电压传输特性曲线；②对应画出输入和输出波形图。

解：由图 3-40 可知，输入信号 u_i 由反相输入端输入，参考电压 U_R 由同相输入端输入，输出端连接双向稳压管，因此电路为反向限幅电压比较器。

① 当参考电压 $U_R=0$ 时，电路为过零电压比较器。当 $u_i>0$ 时，$u_o=-U_Z=-5V$；当 $u_i<0$ 时，$u_o=U_Z=5V$。由此可画出电压传输特性曲线，如图 3-41 (a) 左图所示。

② 根据输入信号 u_i 和电压传输特性，画出输出电压波形如图 3-41 (a) 右图所示。

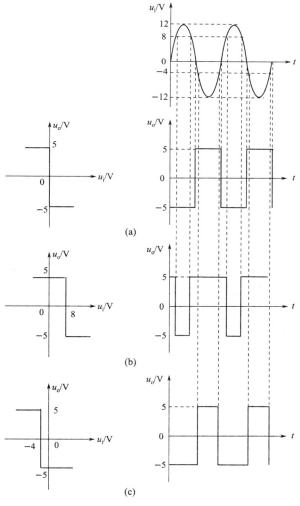

图 3-41　【例 3-6】图

同理可分别画出参考电压 $U_R = -4V$ 和 $U_R = 8V$ 时对应的传输特性曲线和输出波形图，如图 3-41（b）、（c）所示。对比三者的输出波形图可以看出，通过调整参考电压 U_R 的大小或极性，即可改变输出电压的脉冲宽度，从而实现波形由正弦波到矩形波的转换，将模拟信号转换为数字信号。

3.5.2 滞回电压比较电路

简单电压比较电路具有结构简单、灵敏度高的优点，但同时存在着抗干扰能力差的问题。如果输入信号受到干扰信号的影响，在阈值电压附近波动，则输出电压将在高、低电平间发生不应该出现的跳变，如图 3-42 所示。而将此输出电压应用于控制系统中时，将会对执行机构产生不利的影响，从而出现错误操作。

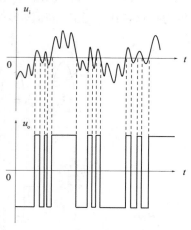

图 3-42　存在干扰的简单比较器

为了克服这个缺点，提高比较器的抗干扰能力，在电路中加入正反馈，形成具有滞回功能的比较器。图 3-43 为同相滞回比较器，图 3-44 为反相滞回比较器。

滞回比较器又称为施密特比较器，它是在简单比较器的基础上，将反馈电阻 R_f 接在输出端与同相输入端之间，从而形成正反馈。滞回比较器引入正反馈的目的是为了加速比较器翻转的过程，使运放经过线性区过渡的时间缩短，传输特性更接近理想特性。此时，同相输入端电压 u_+ 不再是固定值，而是随着输出电压 u_o 而变化。

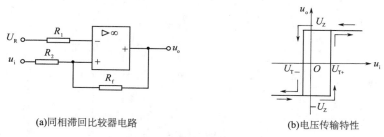

(a)同相滞回比较器电路　　　　　　　(b)电压传输特性

图 3-43　同相滞回比较器

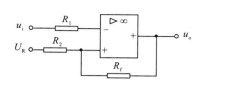

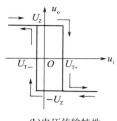

(a)反相滞回比较器电路   (b)电压传输特性

图 3-44 反相滞回比较器

以反相滞回比较器电路为例进行分析，由"虚断路"原理和叠加原理可求得同相端对地的电位为：

$$u_+ = \frac{R_f}{R_2 + R_f} U_R + \frac{R_2}{R_2 + R_f} u_o$$

由于电路有两个输出电压值 U_{OH} 和 U_{OL}，因此 u_+ 也存在两个值。由此可见，输出电压由 U_{OH} 跳变为 U_{OL}，以及由 U_{OL} 跳变为 U_{OH} 所需的输入电压值是不同的。也就是说，这种比较器具有两个不用的门限电压，故传输特性曲线呈滞回形状，如图 3-44（b）所示。

按集成运放非线性运用特点，输出电压发生跃变的临界条件为 $u_+ = u_-$，此时所对应的输入电压值即为门限电压。

若初始条件 $u_o = +U_z$，随着 u_i 的逐渐增大时，输出电压 u_o 发生跃变的门限电压 U_{TH+} 为：

$$U_{TH+} = \frac{R_F}{R_2 + R_F} U_R + \frac{R_2}{R_2 + R_F} U_z \tag{3-26}$$

若初始条件 $u_o = -U_z$，随着 u_i 的逐渐减小时，输出电压 u_o 发生跃变的门限电压 U_{TH-} 为：

$$U_{TH-} = \frac{R_F}{R_2 + R_F} U_R - \frac{R_2}{R_2 + R_F} U_z \tag{3-27}$$

把上门限电压 U_{T+} 与下门限电压 U_{T-} 之差称为回差电压，用符号 ΔU_{TH} 表示，由上面两式可得：

$$\Delta U_{TH} = U_{TH+} - U_{TH-} = 2U_z \frac{R_2}{R_2 + R_f} \tag{3-28}$$

上式表明，ΔU_{TH} 的大小与电路参数 R_2、R_f 和 U_z 有关，而与输入信号无关。回差电压是衡量滞回比较器抗干扰能力的一个参数，正是由于回差电压的存在，极大地提高了电路的抗干扰能力。在干扰信号的峰值小于半个回差电压时，比较器就不会受干扰影响而产生误动作，因此，回差电压越大，抗干扰能力就越强。但回差电压也导致了输出电压的滞后现象，使电平鉴别产生误差。

【例 3-7】滞回电压比较器电路如图 3-45（a）所示，$R_1 = R_2 = R_f = 10k\Omega$，$R_3 = 2k\Omega$，双向稳压管的稳定电压值为 $U_z = 6V$，设输入信号是幅值为 10V 的三角波如图 3-45（c）所示，则：①画出电压比较器的电压传输特性曲线；②对应画出输出波形曲线。

解：由图 3-45（a）所示，此电路为反相滞回过零电压比较电路。根据式（3-26）和式（3-27），可以求出上、下门限电压值：

$$U_{\text{TH+}} = \frac{R_2}{R_2 + R_f} U_Z = \frac{10}{10 + 10} \times 6 = 3\text{V}$$

$$U_{\text{TH-}} = \frac{R_2}{R_2 + R_f} (-U_Z) = \frac{10}{10 + 10} \times (-)6 = 3\text{V}$$

由此可画出电路的电压传输特性，如图 3-45（b）所示。由于电路从反相输入端加入信号 u_i，可对应画出输入电压 u_i 和输出电压 u_o 的波形，如图 3-45（c）所示。

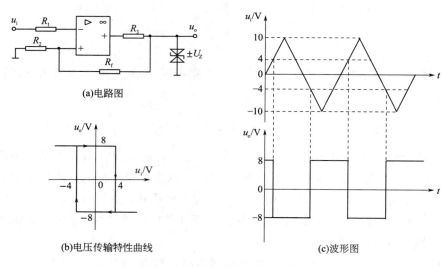

(a)电路图

(b)电压传输特性曲线

(c)波形图

图 3-45　【例 3-7】图

思考题及习题

1. 试述差动放大电路如何克服温漂。

2. 长尾式差动放大电路中 R_E 的作用是什么？对共模输入信号和差模输入信号有何影响？

3. 共模抑制比 K_{CMR} 是＿＿＿＿＿＿＿＿之比，K_{CMR} 越大表明电路＿＿＿＿＿＿＿。

4. 当差动放大电路两边的输入电压分别为 $u_1 = 4\text{mV}$，$u_2 = -2\text{mV}$ 时，输入信号中的差模分量为＿＿＿＿＿＿＿＿，共模分量为＿＿＿＿＿＿。

5. 已知一双端输入双端输出的差动放大电路，输入 $u_1 = 4\text{V}$，$u_2 = 4.01\text{V}$ 时，电路的差模放大倍数 $A_{\text{ud}} = 100\text{dB}$，共模抑制比 $K_{\text{CMR}} = 150\text{dB}$。试求出输出电压中的差模分量 u_{od} 和差模分量 u_{oc}。

6. 双端输出差动放大电路如图 3-3 所示，已知：$U_{\text{CC}} = 5\text{V}$，$U_{\text{EE}} = -5\text{V}$，$R_{\text{C1}} = R_{\text{C2}} = 2\text{k}\Omega$，$R_{\text{B1}} = R_{\text{B2}} = 5.1\text{k}\Omega$，$R_E = 5.1\text{k}\Omega$，$r_{\text{be}} = 2\text{k}\Omega$，$\beta = 50$，$U_{\text{BE}} = 0.7\text{V}$。试求：

（1）静态电流 I_{CQ1}；

（2）差模电压放大倍数 A_{ud}；

（3）差模输入电阻 R_i；

（4）单端输出情况下的共模抑制比 K_{CMR}。

7. 理想集成运放的 $A_{od} = $ _____，$R_{id} = $ _____，$R_o = $ _____，$K_{CMR} = $ _____。

8. 集成运放应用于信号运算时工作在什么区域？作为电压比较器是工作在什么区域？

9. 理想集成运放和实际集成运放的电压传输特性各有什么特点？工作区域可分为哪几个？

10. 集成运放由哪几部分组成？各有什么特点？极间采用何种耦合方式？

11. "虚短路"、"虚断路"以及"虚地"的概念。在什么情况下可以引用"虚地"的概念。

12. 电路如图 3-46 所示，求各电路的输出电压 u_o。

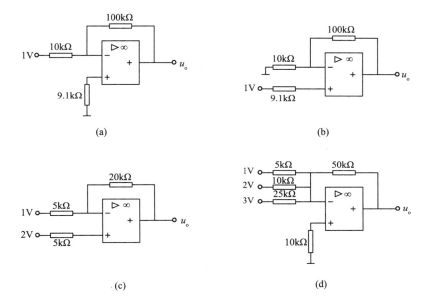

图 3-46　题 12 图

13. 电路如图 3-47 所示，已知：$u_i = 2V$，试求下列条件下的输出电压 u_o 值。

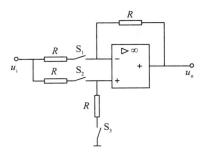

图 3-47　题 13 图

（1）开关S_1、S_3闭合，S_2打开；

（2）开关S_2闭合，S_1、S_3打开；

（3）开关S_2、S_3闭合，S_2打开；

（4）开关S_1、S_2闭合，S_3打开；

（5）开关S_1、S_2、S_3均闭合。

14. 在图 3-48 所示的计算电路中，已知：输入信号$u_i = 0.2\sin\omega t$，$R_{F1} = 20\text{k}\Omega$，$R_{F2} = 15\text{k}\Omega$，$R_1 = 5\text{k}\Omega$，$R_2 = 5\text{k}\Omega$。求：（1）输出电压$u_o$的表达式；（2）平衡电阻$R_3$和$R_4$的阻值。

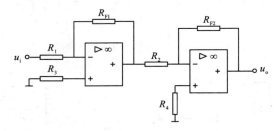

图 3-48　题 14 图

15. 图 3-49 所示的运算电路中，已知：$R_1 = 50\text{k}\Omega$，$R_2 = 30\text{k}\Omega$，$R_3 = R_4 = 20\text{k}\Omega$，$R_F = 150\text{k}\Omega$；$u_{i1} = 2\text{V}$，$u_{i2} = 3\text{V}$，$u_{i3} = 4\text{V}$。试计算输出电压值$u_o$。

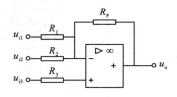

图 3-49　题 15 图

16. 电路如图 3-50 所示，已知电阻$R_1 = 20\text{k}\Omega$，$R_2 = 10\text{k}\Omega$，$R_3 = 5\text{k}\Omega$，$R_4 = 50\text{k}\Omega$，$R_5 = 25\text{k}\Omega$，$R_{F1} = 20\text{k}\Omega$，$R_{F2} = 50\text{k}\Omega$。试求输出电压$u_o$的表达式。若输入电压$u_{i1} = 2\text{V}$，$u_{i2} = 3\text{V}$，求 u_o 的值。

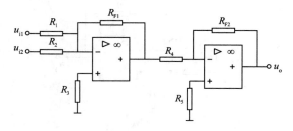

图 3-50　题 16 图

17. 求图 3-51 所示运算电路的输入输出关系。

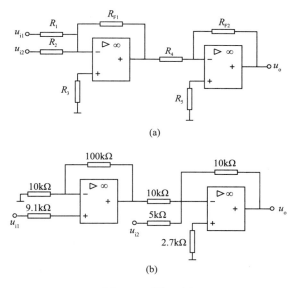

图 3-51　题 17 图

18. 试用集成运算放大器设计电路，实现以下求和运算：

(1) $u_o = -(u_{i1} + 10u_{i2} + 2u_{i3})$；

(2) $u_o = 3u_{i1} - 5u_{i2} + 4u_{i3}$（限用两个运放）。

画出电路图，标出各电阻值，电阻阻值限制值在 $1 \sim 500\text{k}\Omega$ 之间。

19. 求图 3-52 所示运算电路的输入输出关系。

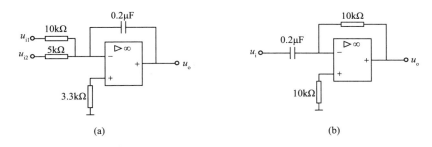

图 3-52　题 19 图

20. 电压比较器的输出电压与两个输入端的电位关系有关。若 $U_+ > U_-$，则输出电压 $U_o = \underline{\qquad}$；若 $U_+ < U_-$，则输出电压 $U_o = \underline{\qquad}$。

21. 电压比较器可采用同相输入反向输入两种接法，若希望 u_i 足够高时输出电压为低电平，则应采用 $\underline{\qquad}$ 输入接法；若希望 u_i 足够低时输出电压为低电平，则应采用 $\underline{\qquad}$ 输入接法。

22. 电压比较器电路如图 3-53 所示，指出电路属于何种类型的比较器，并分析其传输特性。（若集成运放的输出电压 $U_{OH} = +10\text{V}$，$U_{OL} = -10\text{V}$，稳压管的稳压值 $U_Z = 6\text{V}$，忽略二极管的管压降）

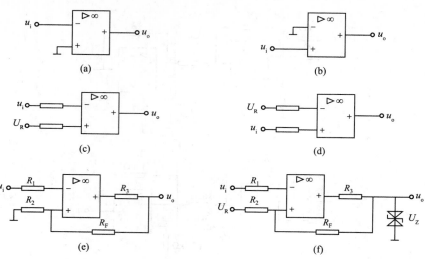

图 3-53　题 22 图

23. 电压比较器输入回路如图 3-54（a）所示，$U_Z = \pm 5V$。

（1）画出电路的传输特性曲线；

（2）若输入波形如图 3-54（b）所示，试画出输出电压的波形。

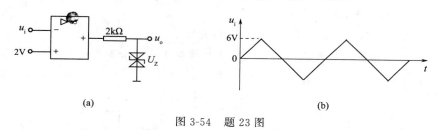

图 3-54　题 23 图

24. 在图 3-55 所示的电路中，$u_i = 10\sin\omega t$，$U_Z = \pm 5V$。画出各图中电路的电源电压传输特性和输出电压波形图。

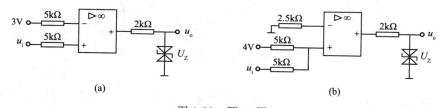

图 3-55　题 24 图

25. 电路如图 3-56 所示，$U_Z = \pm 6V$。

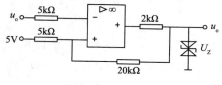

图 3-56　题 25 图

(1) 计算其门限电压和回差电压，画出电路的传输特性曲线；

(2) 若输入电压 $u_i = 10\sin\omega t$，试画出输出电压的波形。

26. 在如图 3-57（a）所示的电路中，输入电压 u_i 的波形如图 3-57（b）所示，假设电容的初始电压为零。试求：

(1) 指出 A_1、A_2、A_3 各组成何种电路；

(2) 画出各输出电压的波形图，标出有关电压值。

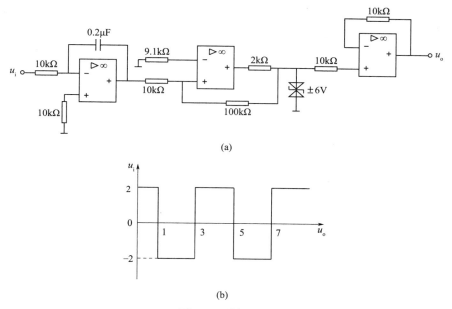

(a)

(b)

图 3-57　题 26 图

第4章
负反馈放大电路

本章学习要点：反馈是电子技术及自动控制系统中的一个重要概念。在大多数自动控制系统中，常利用"负反馈"构成闭环系统，使被控制量的变化处于规定的范围内，并能有效地改善系统的性能指标。负反馈可以改善放大电路多方面的性能，在实用的放大电路中，几乎都采用了负反馈电路。

本节将重点讨论集成运算放大器电路中的负反馈，首先介绍反馈的一些基本概念、反馈的类型及判别方法，分析了四种常用反馈组态，并分析了负反馈对放大电路性能的影响，在此基础上，导出了反馈放大电路的基本方程，最后对分立元件放大电路中的负反馈进行举例分析。

4.1 反馈的基本概念

4.1.1 反馈的定义

在放大电路中，将输出信号（输出电压或电流）的部分或全部，通过一定的方式经反馈网络回送到输入回路的输入端，称为反馈。具有反馈的放大电路是一个闭合系统，图 4-1 为反馈放大器的框图。由图可见，反馈电路由基本放大电路 A 和反馈电路 F 构成。基本放大电路可以为任意组态的放大电路，用于信号的正向传输；反馈电路可以是电阻、电容、电感、晶体管等单个元件或它们的组合，也可以是较为复杂的网络，用于信号的反向传输。为简化分析，计算中忽略了输入信号经反馈网络的正向传输，这是因为 F 没有放大作用，故其正向传输作用可忽略。

在图 4-1 中，x_i 为闭环放大电路的总输入量，x_o 为输出量，x_f 为反馈量，x_d 为净输入量，即 x_i 与反馈信号 x_f 进行比较后产生的输入量。以上输入信号既可以是电压信号也可以是电流信号，图中箭头方向表示了信号的传输方向，放大电路中信号为正向传输，反馈网络中信号为反向传输。

（1）反馈的定义

若图 4-1 中反馈电路为开路，电路中只有基本放大电路，信号由放大电路的输入端至输出端正向传输，称为开环放大电路。如果电路存在将输出端和输入端联系起来的通路，电路输入端的实际信号不仅有信号源提供的信号，而且还有输出端反馈回输入端的信号，放大电路与反馈网络构成一个回路，这样的电路也称为闭环放大电路。

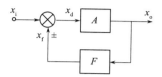

图 4-1　负反馈放大电路框图

（2）正反馈和负反馈

根据反馈信号x_f的极性，可以分为正反馈和负反馈。当反馈信号x_f与输入信号x_i的极性相同时，净输入信号x_d为：

$$x_d = x_i + x_f$$

引入反馈信号后使电路的净输入量增大，因此称为正反馈。当反馈信号x_f与输入信号x_i的极性相反时，净输入信号x_d为：

$$x_d = x_i - x_f$$

由于$x_d < x_i$，即反馈信号削弱了输入信号，因此称为负反馈。

正反馈的增益比开环还要大，系统的性能变得很不稳定，所以放大器中很少采用电路正反馈。正反馈多为触发电路和振荡器采用，其目的是维持自激振荡或追求陡峭的脉冲前后沿。负反馈可使放大电路可靠地工作，并能有效地改善放大电路的各项性能指标。

正、负反馈的判别，也称为反馈性质的判别。对于单级运放来说，若反馈元件由电路的输出端连接到运放的反相输入端，即为负反馈。因为此时输出信号与输入信号极性相反，反馈信号削弱了输入量，根据定义可知为负反馈。同理，如果反馈元件由电路的输入端连接到运放的同相输入端，即为正反馈，此时反馈信号增强了输入量。对于多级运放来说，单纯依靠定义无法确定反馈的性质，此时采用瞬间极性法进行判定。先假定输入信号的瞬时极性，然后沿多级放大电路逐级推出电路各点的瞬时极性，再沿反馈网络推出反馈信号的瞬时极性，最后判断净输入量是增大还是减小，从而判断出是正反馈还是负反馈。

（3）反馈的一般表达式

反馈放大电路的框图如图 4-1 所示。

① 开环放大倍数：电路中没有加入反馈支路的放大倍数称为开环放大倍数（又称开环增益）。通常用 A 来表示，即：

$$A = \frac{x_o}{x_{id}}$$

② 反馈系数：反馈信号与输出信号的比值称为反馈系数，表明了反馈强度的强弱，用 F 来表示，即：

$$F = \frac{x_f}{x_o}$$

③ 闭环放大倍数：电路引入了反馈后的放大倍数称为闭环放大倍数，通常用A_f来

表示：

$$A_f = \frac{x_o}{x_i} = \frac{x_o}{x_{id} + x_f} = \frac{Ax_{id}}{x_{id} + x_o F} = \frac{Ax_{id}}{x_{id} + Ax_{id} F} = \frac{A}{1 + AF} \tag{4-1}$$

式（4-1）表明系统的闭环放大倍数 A_f 与开环放大倍数 A 和反馈系数 F 之间的关系，是负反馈放大电路的一般表达式，也是分析各种反馈放大器的基本公式。x_{id}、x_f、x_o 既可以是电流，也可以是电压，取不同量纲时组合成不同类型的负反馈放大器。

在式（4-1）中，若 $|1 + AF| > 1$，则 $|A_f| < |A|$，说明引入负反馈后使放大倍数比原来减小，这种反馈称为负反馈；若 $|1 + AF| < 1$，则 $|A_f| > |A|$，说明引入负反馈后使放大倍数比原来增大，这种反馈称为正反馈。

④ 反馈深度：闭环放大倍数 A_f 与 $(1 + AF)$ 成反比，称 $(1 + AF)$ 为反馈深度。反馈深度是描述反馈强弱的物理量，是反馈电路定量分析的基础，是衡量负反馈深度的重要指标。负反馈对放大器各种性能指标的改善，均与反馈深度有关。若 $(1 + AF) \gg 1$，称放大器引入深度负反馈，在这种情况下，闭环放大倍数 A_f 可表示为：

$$A_f = \frac{x_o}{x_{id}} = \frac{A}{1 + AF} \approx \frac{1}{F} \tag{4-2}$$

在深度负反馈条件下，闭环放大倍数 A_f 基本上等于反馈系数 F 的倒数，即闭环放大倍数 A_f 几乎与放大网络的放大倍数 A 无关，而主要取决于反馈网络的反馈系数 F。因此，即使由于温度等因素变化而导致放大网络的放大倍数发生变化，只要 F 的值一定，就能保持闭环放大倍数基本稳定，这是深度负反馈放大电路的一个突出特点。开环放大倍数 A 越大，即 $AF \gg 1$，式（4-2）越接近准确，放大器工作越稳定。

4.1.2 反馈的分类

负反馈放大电路的形式多种多样。根据反馈信号的交直流性质，反馈可分为直流反馈和交流反馈；从放大电路的输入端来看，根据反馈信号同输入信号的连接方式，可分为串联反馈和并联反馈；从放大电路的输出端来看，根据反馈信号对输出的采样，可分为电压反馈和电流反馈。

（1）直流反馈和交流反馈

如果反馈信号中只有直流成分，则称为直流反馈；如果反馈信号中只有交流成分，则称为交流反馈。

在很多实际的工作电路中，往往同时存在交流反馈和直流反馈，直流反馈的作用是稳定放大电路的静态工作点，对动态性能没有影响；交流反馈则用于改善放大器的交流性能。

图 4-2 给出了交流反馈和直流反馈的例子，图 4-2（a）为交流反馈，因为反馈电容对直流信号相当于开路，所以不能反馈直流信号；图 4-2（b）为直流反馈，因为在反馈回路中的电容导通交流信号，使得交流信号不能通过反馈回路连接到反相输入端，所以只能是直流反馈；图 4-2（c）的反馈元件为电阻，既可以通过交流信号又可以通过直流信号，因此是交、直流反馈电路。

（2）串联反馈和并联反馈

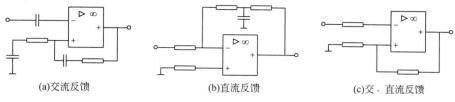

(a)交流反馈　　　　　　(b)直流反馈　　　　　　(c)交、直流反馈

图 4-2　交流反馈和直流反馈

根据反馈信号与输入信号相叠加的方式不同，反馈可分为串联反馈和并联反馈。

① 串联反馈：反馈信号以电压形式串联在输入回路中，并以电压形式叠加决定净输入电压信号，即 $u_{id}=u_i-u_f$。从电路结构上看，反馈电路与输入端串接在输入回路。

② 并联反馈：反馈信号是并接输入回路上，以电流形式在输入端叠加决定净输入电流信号，即 $i_{id}=i_i-i_f$。从电路结构上看，反馈电路与输入端在三极管的同一端。

由于不同的电压信号不能并联，只能串联，而不同的电流信号不能串联，只能并联，所以，对串联反馈，反馈信号是电压，对并联反馈，反馈信号是电流。

（3）电压反馈和电流反馈

根据反馈信号在输出端采样方式的不用，反馈可分为电压反馈和电流反馈。如反馈信号取自输出电压，则称为电压反馈；如反馈信号取自输出电流，则称为电流反馈。电压反馈和电流反馈并不是由反馈信号是电压还是电流决定的，而是由反馈信号的来源决定的。判断电压反馈还是电流反馈的常用方法是负载电阻短路法。这种方法是假设将负载电阻 R_L 短路，即将输出电压置零，此时，若反馈信号随输出电压为零而消失，则为电压反馈；若电路中仍然有反馈存在，则为电流反馈。

判断电压、电流反馈的另一个方法是电路结构法。电压反馈采样取自于输出电压 u_o，故反馈网络是并接在输出回路上，反馈端与输出端为同一电极；电流反馈采样取自于输出电流 i_o，因此，取样电路是串接在输出回路，故反馈端与输出端不为同一电极。由此可知，电流反馈、电压反馈与输出端有关，同一电极引出的反馈，输出端不同，反馈形式也就不相同。在图 4-3（a）中，反馈电压取自输出电压 u_o，反馈端与输出端都连接在运放的输出端，因此为电压反馈；在图 4-3（b）中，反馈端取自负载电阻的一端，而输出端取自另一端，因此为电流反馈。

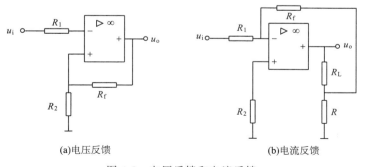

(a)电压反馈　　　　　　　　　　(b)电流反馈

图 4-3　电压反馈和电流反馈

电压反馈的重要特性是能稳定输出电压。无论反馈信号是以何种方式引回到输入端，

实际上都是利用输出电压u_o通过反馈网络来对放大电路起自动调整作用的。

电流反馈的重要特点是能稳定输出电流。无论反馈信号是以何种方式引回到输入端，实际都是将利用输出电流i_o通过反馈网络来对放大器起自动调整作用的。

4.2　负反馈放大电路的组态和判定

根据反馈分类的分析，对于负反馈来说，归纳起来具有 4 种典型组态（或称反馈类型）：电压串联负反馈、电压并联负反馈、电流串联负反馈和电流并联负反馈。下面分别介绍各种组态的特点。

（1）电压串联负反馈

电压串联负反馈电路的结构框图如图 4-4 所示。由图可见，在放大电路的输出端，反馈网络与输出端相并联，即反馈网络的输入端取输出电压u_o，输出端电压u_f与u_o成正比，u_f的变化必然反映u_o的变化。根据电路结构法判断，这种反馈方式为电压反馈。

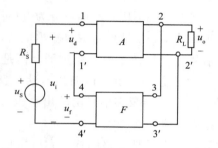

图 4-4　电压串联负反馈结构图

在放大电路的输入端，反馈端与输入端相串联，故为串联反馈。放大电路的净输入电压为：

$$u_d = u_i - u_f$$

串联负反馈电路的反馈效果与信号源内阻R_S有关，R_S的阻值越小，信号源越接近恒压源，输入电压u_i越稳定，u_f对u_d的影响越大，反馈效果就越明显。

由于是电压反馈，所以对输出电压有稳定作用。当u_i为某一固定值时，由于三极管参数或负载电阻的变化使u_o减小，则u_f也随之减小，结果使净输入电压u_d增大，因而u_o将增加，故电压负反馈使u_o基本不变。电压串联负反馈的过程可用以下图示表示：

$$R_L\downarrow \longrightarrow u_o\downarrow \longrightarrow u_f\downarrow \longrightarrow u_d\uparrow$$
$$u_o\uparrow \qquad\qquad\qquad\qquad$$

这说明电压串联负反馈具有稳定输出电压的作用，但需保证u_i为一定值，也就是说，串联负反馈需用恒压信号源驱动。

（2）电流串联负反馈

电流串联负反馈的结构框图和典型电路如图 4-5 所示。由结构框图可以看出，在输入端，反馈网络的输出同放大电路的输入端串联在一起，同电压串联负反馈结构图相同，因此，此结构也为串联反馈。分析放大电路的输出端，反馈网络同放大电路为串联结构，反馈信号取自输出电流 i_o，形成电流反馈，因此构成电流串联负反馈。

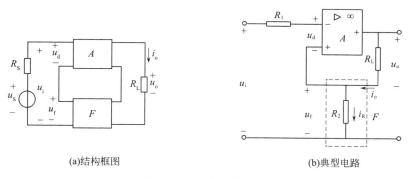

(a)结构框图　　　　　　　　　(b)典型电路

图 4-5　电流串联负反馈

　　图 4-5 所示电路为以电压控制电流源，为分析方便将电路表示为如图所示，放大电路由运算放大器构成，反馈网络由电阻 R_2 构成，分析电路结构可以看出，反馈信号以电压的形式出现在输入端，以电流形式出现在输出端，所以构成了电流串联负反馈。

　　串联电流负反馈放大倍数的关系如下：因为输出是电流，反馈电路是以电压形式在输入回路叠加，故基本放大电路的放大倍数为：

$$A_g = \frac{i_o}{u_{id}}$$

$$F_r = \frac{u_f}{i_o}$$

$$A_{gf} = \frac{A_g}{1 + F_r A_g}$$

其中，A_g 为互导放大倍数，是电导量纲；F_r 为电阻量纲。因此，串联电流负反馈的闭环放大倍数是开环放大倍数的 $\dfrac{1}{1 + F_r A_g}$ 倍。

　　由于是电流负反馈，所以稳定了输出电流。在三极管的温度发生变化时，使得三极管的 β 值增大，则输出电流 i_o 将增大，反馈电压 u_f 也随之增大，结果使得净输入量 u_{id} 下降，输出电流下降，从而使得 i_o 基本保持不变。即：

$$\beta\uparrow \longrightarrow i_o\uparrow \longrightarrow u_f\uparrow \longrightarrow u_{id}\downarrow \longrightarrow i_b\downarrow$$
$$i_o\downarrow \longleftarrow$$

（3）电压并联负反馈

　　电压并联负反馈的结构框图和典型电路如图 4-6 所示。

　　由图 4-6（a）可以看出，电路的输出端采样方式仍为电压反馈，在输入端看，反馈网络同输入电路并联，因此为电压并联负反馈，反馈信号以电流信号以电流 i_f 的形式出现。

　　电压并联负反馈的放大倍数关系如下说述。由于是电压负反馈，输出信号表现为电压

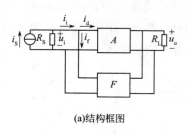 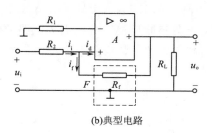

(a)结构框图   (b)典型电路

图 4-6　电压并联负反馈

形式，即 $X_o = u_o$；并联负反馈使得输入回路表现为电流形式，因此输入回路的电流叠加关系有：

$$X_f = i_f \qquad X_i = i_i \qquad X_{id} = i_{id}$$

所以，开环放大倍数为：

$$A_r = \frac{u_o}{i_i}（互阻放大倍数，电阻量纲）$$

$$F_g = \frac{i_f}{u_o}（电导量纲）$$

闭环放大倍数为：

$$A_{rf} = \frac{A_r}{1 + F_g A_r}$$

电压并联负反馈具有稳定输出电压的作用，但需保证输入电流 i_i 为一定值，也就是说，并联负反馈需用恒流信号源驱动，即信号源的内阻愈大，负反馈效果愈显著。

（4）电流并联负反馈

电流并联负反馈的结构框图和典型电路如图 4-7 所示。

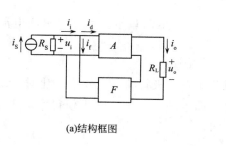 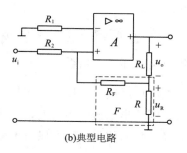

(a)结构框图   (b)典型电路

图 4-7　电流并联负反馈

根据对结构框图的输入、输出回路连接方式的分析，可以看出，其反馈类型为电流并联负反馈。该电路具有稳定输出电流的作用，同理，由于该电路为并联负反馈，故信号源应为恒流信号源。

在图 4-7（b）所示的典型电路中，电阻 R_F 与采样电阻 R 构成了反馈网络。在电路的输入端，输入信号 i_i、i_d 和反馈信号 i_f 均以电流形式出现；在放大电路的输出端，R_F 接在负载电阻 R_L 和采样电阻 R 之间，设 $R_F \gg R$，有 $i_f \ll i_o$，从而有：

$$u_R = (i_o + i_f) R \approx i_o R$$

电路的开环放大倍数为：

$$A_i = \frac{i_o}{i_{id}} (电流放大倍数)$$

$$F_i = \frac{i_f}{i_o}$$

闭环放大倍数为：

$$A_{if} = \frac{A_i}{1 + F_i A_i}$$

综上所述，以上四种不同组态的反馈电路，其放大倍数具有不同的量纲，有电压放大倍数、电流放大倍数，也有互阻放大倍数和互导放大倍数。为区分这四种不同量纲，在使用符号表示时加上不同的脚注，同样的，四种不用组态的反馈系数也用不同的下标表示出来。

【例 4-1】说明图 4-8 中各电路中的反馈元件，并判别其反馈类型。

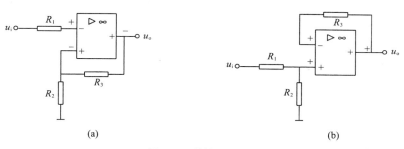

图 4-8   【例 4-1】图

解：由图 4-8（a）可知，反馈元件为 R_3。

利用瞬间极性法判断反馈的性质，具体步骤如下：

① 首先假设交流输入信号的极性，通常设为正极性；

② 根据运放的输入输出关系，标出交流信号的瞬时极性〔见图 4-8（a）中运放输入端和输出端标示的＋和－符号〕；

③ 根据瞬时极性，在输入端判断反馈信号 x_f 的真实极性；

④ 将输入信号 x_i 与反馈信号 x_f 进行比较，由图中符号可知，反馈增强了输入信号，因而形成了正反馈。

在放大电路的输入端判别串联、并联反馈。由电路结构可以看出，反馈端同输入信号分别接入运放的两个输入端，二者必以电压形式在输入端进行比较，因此为串联反馈。

在放大电路的输出端判别电压、电流反馈。将运放输出端视为交流短路，此时输出电压 $u_o = 0$，由"虚断路"和"虚断路"原理可知，此时反馈回路中的电流为 0，因此没有反馈信号，所以此时为电压反馈。

综上所述，图 4-8（a）所示电路为电压串联正反馈电路。

由图 4-8（b）分析可知，反馈元件为 R_3。

利用瞬间极性法判断反馈的性质，步骤同上分析，可以看出此电路中反馈信号减弱了输入信号，因而形成了负反馈。

由放大电路的输入端判断，反馈信号与输入信号连接在运放的不同端，因此为串联反馈；由放大电路的输出端判断，输出信号与反馈信号连接在相同端，因此为电压反馈。

综上所述，图 4-8（b）所示电路为电压串联负反馈电路。

【例 4-2】说明中各电路中的反馈元件，并判别其反馈类型。

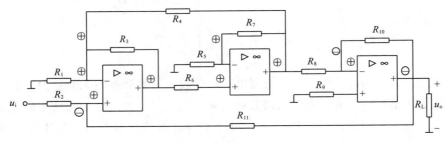

图 4-9　【例 4-2】图

解：① 电路中存在 5 个部分的反馈，其中 R_3、R_7、R_{10} 构成的反馈为本级反馈，或称为局部反馈；而 R_4、R_{11} 构成的反馈是后一级对前级的反馈，称为级间反馈。

② 用瞬时极性法判断级间反馈的性质。首先假设交流输入信号的极性，设为正极性；再根据运放的输入输出关系，逐级标出交流信号的瞬时极性；根据瞬时极性，在输入端判断反馈信号 x_f 的真实极性；将输入信号 x_i 与反馈信号 x_f 进行比较，若削弱了输入信号，则形成负反馈，若加强了输入信号，则形成正反馈。

电阻 R_3、R_7、R_{10} 构成的局部反馈，均由各个运放的输出端连至本级的反相输入端，故反馈性质均为负反馈。

电阻 R_4 构成第一级对第一级的反馈，由瞬时极性可知，R_4 中流过的反馈电流的极性如图中符号所示，与输入电流相比较，显然削弱了净输入电流，因此为负反馈。

电阻 R_{11} 构成第三级对第一级的反馈，由瞬时极性可知，R_{11} 上流过的电流真实方向如图中符号所示，与输入信号相比较，显然削弱了输入信号，因此为负反馈。

③ 在放大电路的输入端判别串联、并联反馈。当输入信号 x_i 与反馈信号 x_f 接至运放的同一个输入端时，构成并联反馈，当二者分别接至运放的两个输入端时，则构成串联反馈。所以 R_3、R_4、R_7 构成了串联反馈，R_{10}、R_{11} 构成了并联反馈。

④ 在放大电路的输出端判别电压、电流反馈。在第三级运放的负载 R_L 两端接入大电容，可视为对交流信号短路。当输出电压为零时，反馈也为零，因此 5 个部分反馈均构成电压反馈。

⑤ 结论：R_3 构成电压串联负反馈，R_4 构成电压串联负反馈，R_7 构成了电压串联负反馈，R_{10} 构成了电压并联负反馈，R_{11} 构成了电压并联负反馈。

4.3　负反馈对放大电路性能的影响

在放大电路中引入负反馈后，电路的放大倍数下降了 $(1+AF)$ 倍，但电路的其他性能得到了改善，以适应各种场合对放大器不同性能指标的要求，而放大倍数的下降可以通过增加放大器级数而改善。

负反馈可以提高放大倍数的稳定性，减小非线性失真，扩展通频带，同时可根据需要灵活地改变放大电路的输入电阻和输出电阻等。此外，直流负反馈还能稳定静态工作点，但是过强的负反馈可能导致系统自激而无法工作。下面进行具体分析。

4.3.1　提高放大倍数的稳定性

提高放大倍数的稳定性是引入负反馈的目的之一。在未引入负反馈时，放大器的开环放大倍数受到外界条件的影响，如温度的变化、负载改变、电源电压波动以及其他因素的影响。设开环放大倍数的相对变化量为 $\dfrac{\mathrm{d}A}{A}$，引入负反馈后，放大倍数的相对变化量为 $\dfrac{\mathrm{d}A_{\mathrm{f}}}{A_{\mathrm{f}}}$。

若考虑到放大电路工作在中频范围，且反馈网络为纯电阻性，则有：

$$A_{\mathrm{f}} = \frac{A}{1+AF}$$

其中放大器的放大倍数 A、A_{f} 和反馈系数 F 均为实数，在上式的两边对 A 求导：

$$\frac{\mathrm{d}A_{\mathrm{f}}}{\mathrm{d}A} = \frac{1}{(1+AF)^2}$$

$$\mathrm{d}A_{\mathrm{f}} = \frac{\mathrm{d}A}{(1+AF)^2} = \frac{1}{1+AF} \cdot \frac{\mathrm{d}A}{1+AF} = \frac{A_{\mathrm{f}}}{A} \cdot \frac{\mathrm{d}A}{1+AF}$$

对上式进行整理，得：

$$\frac{\mathrm{d}A_{\mathrm{f}}}{A_{\mathrm{f}}} = \frac{1}{1+AF} \cdot \frac{\mathrm{d}A}{A} \tag{4-3}$$

上式表明，在引入负反馈后，在外界条件有相同的变化时，放大倍数的相对变化量减小为原值的 $\dfrac{1}{1+AF}$，即反馈越深，$\dfrac{\mathrm{d}A_{\mathrm{f}}}{A_{\mathrm{f}}}$ 越小，放大倍数的稳定性越高。综上所述，在引入负反馈后，放大倍数的稳定性提高了 $(1+AF)$ 倍，使放大倍数受外界因素的影响大大减小。

【例 4-3】已知一个负反馈放大电路的反馈系数 F 为 0.1，其基本放大电路的放大倍数 A 为 10^5。若 A 产生 $\pm 10\%$ 的变化，试求闭环放大倍数 A_{f} 及其相对变化量。

解：反馈深度为 $1+AF = 1+10^5 \times 0.1 \approx 10^4$，闭环放大倍数为：

$$A_{\mathrm{f}} = \frac{A}{1+AF} = \frac{10^5}{10^4} = 10$$

由式 $\dfrac{\mathrm{d}A_{\mathrm{f}}}{A_{\mathrm{f}}} = \dfrac{1}{1+AF} \cdot \dfrac{\mathrm{d}A}{A}$ 　　　　　　　　　　　　　　　(4-3)

可知，A_{f} 的相对变化量为：

$$\frac{\mathrm{d}A_{\mathrm{f}}}{A_{\mathrm{f}}} = \frac{1}{1+AF} \frac{\mathrm{d}A}{A} = \frac{\pm 10\%}{10^4} = \pm 0.001\%$$

严格地说，当 A 的相对变化率较大时，采用微分 $\dfrac{\mathrm{d}A}{A}$、$\dfrac{\mathrm{d}A_\mathrm{f}}{A_\mathrm{f}}$ 表示相对变化率误差较大，而应采用差分 $\dfrac{\Delta A}{A}$、$\dfrac{\Delta A_\mathrm{f}}{A_\mathrm{f}}$ 表示。

4.3.2　扩展通频带

在放大器的低频端，由于耦合电容阻抗增大等原因，使放大器放大倍数下降；在高频端，由于分布电容、三极管级间电容的容抗减小等原因，使放大器的放大倍数下降。从本质上来说，放大电路的通频带受到一定限制，是由于放大电路对不同频率的输入信号呈现出不用的放大倍数而造成的。由式（4-3）可知，无论何种原因引起放大电路的放大倍数变化，均可通过负反馈使放大倍数的相对变化量减小，可见，对于由信号频率不同而引起放大倍数的变化，也同样可用负反馈进行改善，即可引入负反馈使放大电路的频带增宽。

当输入信号减小，反馈信号也随着减小，净输入信号相对增大，从而使放大器输出信号的下降程度减小，放大倍数相应提高。设上限截止频率和下限截止频率之差即为通频带 $f_\mathrm{BW} = f_\mathrm{H} - f_\mathrm{L}$。引入负反馈后，当高、低频端的放大倍数下降时，反馈信号随着减小，对输入信号的削弱作用减弱，使放大倍数的下降变得缓慢，因而通频带展宽。

扩展后的上限频率为：

$$f_\mathrm{Hf} = (1 + AF) f_\mathrm{H}$$

对于运算放大器，闭环通频带为 $f_\mathrm{BW} = f_\mathrm{Hf}$，故有：

$$f_\mathrm{BWf} = (1 + AF) f_\mathrm{BW} \tag{4-4}$$

通过上面的分析可知，反馈放大电路的上限频率 f_Hf 为开环时的上限频率的 $(1 + AF)$ 倍，反馈放大电路的下限频率 f_Lf 为开环时下限频率的 $\dfrac{1}{1+AF}$ 倍。上限频率增大，下限频率减小，因此，反馈放大器的带宽扩展，扩展后的频带约是未引入负反馈时的 $(1 + AF)$ 倍。

由此可知，负反馈的深度越深，频带展的越宽，但同时中频放大倍数也下降得越多。

4.3.3　减小非线性失真

由于放大电路中存在的非线性元器件，使得在静态工作点位置不合适或输出信号幅值较大时，均会出现非线性失真。在引入负反馈以后，非线性失真将会减小。

如图 4-10（a）所示，原放大电路在输入正、负对称的正弦波后，经放大电路输出为正半周大、负半周小的失真波形。引入负反馈后，放大倍数下降，使输出信号进入非线性区的部分减小，从而削弱了非线性失真。下面利用图 4-10（b）定性说明负反馈削弱非线性失真的原理，放大电路输出端的失真波形反馈到输入端，与不失真的输入信号相减。设放大电路的输出信号 x_o 的波形正（半周）大负（半周）小，反馈信号 x_f 也是正大负小，反馈波形与输入波形相叠加，得到净输入信号 x_d 正小负大，此波形经放大后，使得其输出端正、负半周波形之间的差异减小，从而减小了放大电路输出波形 x_o 的非线性失真，减小失真的效果取决于失真的严重程度和反馈深度 $(1 + AF)$ 的大小。

依据上图的负反馈削弱非线性失真的原理可以看出，负反馈只能减小本级放大电路所

(a)无反馈　　　　　　　　　(b)有负反馈

图 4-10　负反馈减弱非线性失真图示

产生的非线性失真，而对输入信号本身存在的非线性失真是无效的。可以证明，引入负反馈后，放大电路的非线性失真减小到 $r/(1+AF)$，r 为无反馈时的非线性失真系数。

同样道理，采用负反馈也可以抑制放大电路自身产生的噪声，其关系也为 $N/(1+AF)$，N 为无反馈的噪声系数。同时采用负反馈，可以抑制干扰信号，但若干扰信号混在输入信号中，负反馈也无济于事。

4.3.4　负反馈对输入电阻的影响

负反馈对输入电阻的影响只与比较方式有关，而与取样方式无关。总的来说，负反馈对输入电阻的影响，只与反馈网络与放大电路在输入端的连接方式有关，而与输出端的连接方式无关。因此需要从串联负反馈和并联负反馈两种形式，分别讨论其对输入电阻的影响。

（1）串联负反馈提高输入电阻

对于串联负反馈，输入端各个输入电压之间的关系如图 4-11 所示。

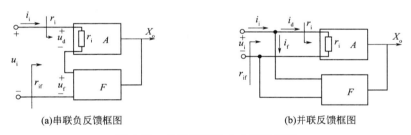

(a)串联负反馈框图　　　　　　　　　(b)并联反馈框图

图 4-11　负反馈对输入电阻的影响

无负反馈时的开环输入电阻定义为：$r_i = u_d/i_i$，加入负反馈后的闭环输入电阻定义为：

$$r_{if} = \frac{u_i}{i_i} = \frac{u_d + u_f}{i_i} = \frac{u_d + AFu_d}{i_i} = (1+AF)\frac{u_d}{i_i} = (1+AF) \cdot r_i \qquad (4\text{-}5)$$

其中，$u_f = AFu_d$。

由上式可以看出，在引入串联负反馈后，输入电阻 r_{if} 比开环输入电阻 r_i 增大（$1+AF$）倍。但是，当考虑到偏置电阻 R_b 对输入电阻的影响时，闭环的输入电阻应为 $r_{if}\,/\!/\,R_b$，故输入电阻的提高，受到偏置电阻的影响，当 $r_{if} \geqslant R_b$ 时，输入电阻取决于 R_b，加大反馈强度，对输入电阻也不会产生明显的影响。

（2）并联负反馈降低输入电阻

并联负反馈关系框图如图 4-11（b）所示，输入端各个输入电流相互之间关系为 $i_i =$

$i_d + i_f$。无负反馈时的开环输入电阻定义为 $r_i = u_i / i_d$，加入负反馈后的闭环输入电阻定义为：

$$r_{if} = \frac{u_i}{i_i} = \frac{u_i}{i_d + i_f} = \frac{u_i}{i_d + AF i_d} = \frac{1}{1 + AF \frac{U_i}{i_d}} = \frac{1}{1 + AF} \cdot r_i \qquad (4\text{-}6)$$

其中，$i_f = AF i_d$。

可见，引入并联负反馈后，输入电阻减小为开环输入电阻的 $1/(1 + AF)$。

结论：引入串联负反馈后，放大电路的输入电阻都将增大为开环系统时的 $(1 + AF)$ 倍；引入并联负反馈后，放大电路的输入电阻减小为开环系统时的 $1/(1 + AF)$ 倍，反馈越深，输入电阻变得越小，理想情况下可以看成是零。

4.3.5 负反馈对输出电阻的影响

负反馈对输出电阻的影响取决于反馈网络与放大电路在输出端的连接方式，而与输入端的连接方式无关。反馈信号在放大电路输出端的采样方式不同，将对输出电阻产生不同的影响，电压负反馈将减小输出电阻，电流负反馈将增大输出电阻。

（1）电压负反馈降低输出电阻

由前面的分析可知，电路的输出电阻 r_o 越小，则当负载电阻 R_L 变化时，输出电压越稳定。理想的恒压源输出电阻 $r_o = 0$，则无论 R_L 如何变化，输出电压 u_o 均保持不变。

从负反馈提高放大电路放大倍数的稳定性分析可知，电压负反馈有稳定输出电压的作用，因此可以将具有电压负反馈的放大电路对负载等效为有一个受控电压源，从放大网络的输出端往里看，相当于 r_o 与一个等效电压源相串联。在输入量不变的条件下，电压负反馈使输出电压 u_o 在负载变动时保持稳定，提高了放大电路的带负载能力，使之更趋向于受控恒压源。而理想恒压源的内阻为零时，闭环输出电阻 r_{of} 为开环输出电阻 r_o 的 $\dfrac{1}{1 + AF}$ 倍。

（2）电流负反馈增大输出电阻

在输入量不变的条件下，电路的输出电阻 r_o 越大，则当 R_L 变化时输出电流越稳定。若将具有电流负反馈的放大电路对负载等效为一个受控电流源，则从放大网络的输出端往里看去，相当于 r_o 与一个等效电流源并联。电流负反馈使放大电路更趋向于受控电流源，理想恒流源的内阻 $R_s \to \infty$，所以电流负反馈使闭环输出电阻 r_{of} 增大，成为开环输出电阻 r_o 的 $(1 + AF)$ 倍，反馈越深，输出电阻变得越大，理想情况下可以看成是无穷大。

需要指出的是，电流负反馈使输出电阻增大，但考虑到集电极电阻 R_c 时，输出电阻为 $r_{of} // R_c$，故总的输出电阻增加不多，但当 $R_c = r_{of}$ 时，放大电路的输出电阻仍然近似等于 R_c。

综上所述，负反馈对放大电路的影响，可以归纳出以下几点结论：

反馈信号与外加输入信号的求和方式不同，将对放大电路的输入电阻产生不同的影响：串联负反馈使输入电阻增大，并联负反馈使输入电阻减小。反馈信号在输出端的采样方式不影响输入电阻。

反馈信号在输出端的采样方式不同，将对放大电路输出电阻产生不同的影响：电压负反馈使输出电阻减小，电流负反馈使输出电阻增大。反馈信号与外加输入信号的求和方式不影响输出电阻。

负反馈对输入电阻和输出电阻影响的程度，均与反馈深度 $(1+AF)$ 有关，或增大为原来的 $(1+AF)$ 倍，或减小为原来的 $1/(1+AF)$。

以上分析了引入负反馈后对放大电路性能的改善及影响。为改善放大电路的某些性能，引入负反馈原则如下：

欲稳定电路中的某一参数，则应采用该参数量的负反馈。

采用直流反馈稳定直流信号，采用交流反馈稳定交流信号，采用电压反馈稳定输出电压，采用电流反馈稳定输出电流。

根据对输入输出电阻的要求选择反馈类型。

采用串联反馈提高输入电阻，采用并联反馈降低输入电阻；采用电流反馈提高输出内阻，采用电压反馈降低输出内阻。

为增强反馈效果，根据信号源及负载确定反馈类型。

信号源为恒压源，则采用串联反馈；信号源为恒流源，则采用并联反馈；要求带负载能力高，则采用电压反馈；要求恒流源输出，则采用电流反馈。

放大电路性能的改善或改变都与反馈深度 $(1+AF)$ 有关，且均以牺牲放大倍数为代价。

负反馈深度越大，对放大电路的性能改善越好，但负反馈放大电路在一定的条件下可能转变为正反馈，从而产生自激振荡现象，使放大电路无法进行放大，性能改善也就失去了意义。

负反馈对放大电路性能的影响见表 4-1。

表 4-1 负反馈对放大电路性能的影响

项　目	反馈类型对放大性能的影响			
放大倍数	$A_f = \dfrac{A}{(1+AF)}$			
非线性失真与噪声	减小			
带宽	$f_{BWf} = (1+AF)f_{BW}$			
闭环放大倍数的相对变化量	$\dfrac{dA_f}{A_f} = \dfrac{1}{1+AF}\dfrac{dA}{A}$			
反馈类型	电压串联负反馈	电压并联负反馈	电流串联负反馈	电流并联负反馈
输入电阻	增大	减小	增大	减小
	$r_{if} = (1+AF)r_i$	$r_{if} = \dfrac{1}{(1+AF)}r_i$	$r_{if} = (1+AF)r_i$	$r_{if} = \dfrac{1}{(1+AF)}r_i$
输出电阻	减小	减小	增大	增大
	$r_{of} = \dfrac{1}{(1+AF)}r_o$	$r_{of} = \dfrac{1}{(1+AF)}r_o$	$r_{of} = (1+AF)r_o$	$r_{of} = (1+AF)r_o$
输出量稳定	电压	电压	电流	电流
适用信号源	低内阻信号源	高内阻信号源	低内阻信号源	高内阻信号源
用途	电压放大器的输入级或中间级	电流-电压变换器或放大电路的中间级	电压-电流变换器或放大电路的输入级	电流放大器

4.4 负反馈放大电路的分析计算

对于电路结构简单的负反馈放大电路，可以利用微变等效电路法进行分析计算。例如前面介绍的带有发射极电阻R_e的分压式偏置放大电路以及射极输出器等电路，已经运用微变等效电路法详细分析了以上反馈放大电路的动态参数A_u、R_i和R_o。

然而，对于比较复杂的反馈放大电路，例如分立元件多级负反馈放大电路以及由集成运放组成的负反馈放大电路等，使用微变等效电路求解较为复杂，有时甚至需要解联立方程。为简化计算过程，通常使用深度负反馈放大电路原理进行处理。

反馈深度$(1+AF)$是衡量负反馈程度的重要指标，$(1+AF)$越大，反馈的程度就越深。当$(1+AF)\gg1$［一般取$(1+AF)>10$］时的负反馈为深度负反馈。在实际的电子设备中，复杂的反馈放大电路开环放大倍数比较大，一般很容易满足$(1+AF)\gg1$的条件，因此闭环放大倍数的表达式可以近似为：

$$A_f = \frac{A}{1+AF} \approx \frac{A}{AF} = \frac{1}{F} \qquad (4-7)$$

利用这一关系式可以进行闭环放大倍数的估算。通常可以采用以下两种方法，下面分别进行介绍。

（1）利用关系式$A_f \approx \dfrac{1}{F}$估算闭环电压放大倍数

根据式（4-7）可知，深度负反馈放大电路的闭环放大倍数A_f近似等于反馈系数F的倒数，因此，只需求出F，即可得到A_f，估算闭环放大倍数的过程十分简单。

但是，通过上式计算出的A_f是广义的放大倍数，其含义和量纲与反馈的组态有关，并非专指电压放大倍数，因此运用以上公式估算闭环电压放大倍数是有条件的。只有当负反馈的组态是电压串联式时，式中的A_f才代表闭环电压放大倍数，则该式可表示为：

$$A_{uuf} \approx \frac{1}{F_{uu}}$$

此时方可利用这个公式直接估算深度负反馈放大电路的闭环电压放大倍数。其他组态电路的A_f都不是电压放大倍数，要得到电压放大倍数，还要经过换算。为此，需要从深度负反馈的特点出发，找出X_f和输入信号X_i之间的联系，直接求出电压放大倍数。

（2）利用关系式$X_f \approx X_i$估算闭环电压放大倍数

对于电压串联负反馈以外的其他三种负反馈组态，即电压并联式、电流串联式和电流并联式负反馈来说，A_f分别为A_{uif}、A_{iuf}和A_{iif}，它们的物理意义分别表示负反馈放大电路的闭环转移电阻、闭环转移电导和闭环电流放大倍数。因此，对于这三种组态的负反馈放大电路，需分别求出A_{uif}、A_{iuf}和A_{iif}后，经过转换得到闭环电压放大倍数A_{uuf}。

根据定义，反馈放大电路的闭环放大倍数A_f和反馈系数F的表达式为：

$$A_f = \frac{X_o}{X_i}$$

$$F = \frac{X_f}{X_o}$$

在深度负反馈条件下 $A_f \approx \frac{1}{F}$，则由以上两式可以得到：

$$\frac{X_o}{X_i} \approx \frac{X_o}{X_f}$$

从而得到：

$$X_i = X_f \qquad (4\text{-}8)$$

上式说明，在深度负反馈条件下，放大电路的反馈信号与外加输入信号基本上相等。

由于净输入信号 $X_d = X_i - X_f$，结合式（4-8）可得：

$$X_d = 0 \qquad (4\text{-}9)$$

式（4-8）和式（4-9）的物理意义是，当满足深度负反馈条件时，因 $|1+AF| \gg 1$，故回路增益的值 $|AF|$ 很大，通常能满足 $|AF| \gg 1$。因此，反馈信号 $X_f = AF\, X_{id}$，此时只需很小的净输入信号即可得到很大的 X_f，使得 $X_f \approx X_i$。反馈深度越大，回路增益值 $|AF|$ 越大，X_f 与 X_i 越接近相等，X_d 越趋近于零。

对于任何组态的负反馈放大电路，只要满足深度负反馈的条件，对可以利用 $X_f \approx X_i$ 的特点，直接估算闭环电压放大倍数。

但是对于不同组态的负反馈形式，式（4-8）中的 X_f 和 X_i 各自代表不同的电量。对于串联负反馈，反馈信号与输入信号以电压的形式求和，因此 X_f 和 X_i 是电压量；对于并联负反馈，反馈信号与输入信号以电流的形式求和，因此 X_f 和 X_i 是电流量。所以，式（4-8）可以分别表示成为以下两种形式。

对于串联负反馈，有：

$$u_f \approx u_i \qquad u_d \approx 0 \qquad (4\text{-}10)$$

对于并联负反馈，有：

$$i_f \approx i_i \qquad i_d \approx 0 \qquad (4\text{-}11)$$

在估算闭环电压放大倍数之前，应首先判断负反馈的组态是串联负反馈还是并联负反馈，从而在以上两者中选择一个适当的公式，再根据放大电路的实际情况，列出 u_f 和 u_i（或 i_f 和 i_i）的表达式，然后直接估算闭环电压放大倍数。下面举例说明。

【例 4-4】 假设图中各电路均满足深度负反馈条件，试估算各电路的闭环电压放大倍数。

解： 为了估算闭环电压放大倍数，首先需要判断各电路负反馈的组态。

在图 4-12（a）中，反馈信号取自输出电压 u_o，反馈信号与外加输入信号以电流的形式求和，因此属于电压并联负反馈，反馈信号为电流，$i_i \approx i_f$，$i_d \approx 0$（虚断路）。由虚短路原理可知，反相输入端的电压近似为零，则可求得 i_i 和 i_f 分别为：

$$i_i \approx \frac{u_i}{R_1}$$

$$i_f \approx -\frac{u_o}{R_f}$$

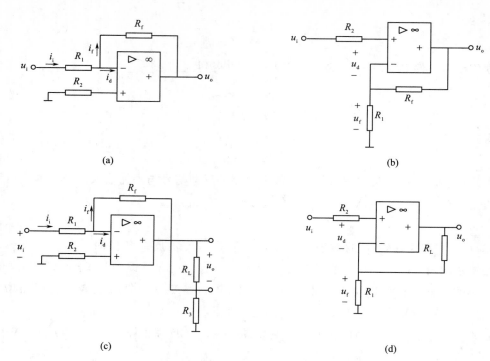

图 4-12 【例 4-4】电路图

由 $i_i \approx i_f$ 可得：

$$\frac{u_i}{R_1} \approx -\frac{u_o}{R_f}$$

则闭环电压放大倍数为：

$$A_{uf} = \frac{u_o}{u_f} \approx -\frac{R_f}{R_1}$$

在图 4-12（b）中，反馈信号取自输出电压 u_o，反馈信号与外加输入信号以电压的形式求和，因此属于电压串联负反馈。对于电压串联负反馈，可以先求出反馈系数 F_{uu}，然后利用式（4-7）直接估算闭环电压放大倍数 A_{uf}。在图 4-12（b）中，反馈电压为：

$$u_f = \frac{R_1}{R_1 + R_f} u_o$$

由此可得：

$$F_{uu} = \frac{u_f}{u_o} = \frac{R_1}{R_1 + R_f}$$

闭环电压放大倍数 A_{uf} 为：

$$A_{uf} = \frac{1}{F_{uu}} = 1 + \frac{R_f}{R_1}$$

在图 4-12（c）中，反馈信号取自输出电流 i_o，并与外加输入信号以电流的形式求和，故属于电流并联负反馈形式，$i_i \approx i_f$，$i_d \approx 0$（虚断路）。由虚短路原理可知，反相输入端的电压近似为零，故：

$$i_i = \frac{u_i}{R_1}$$

$$i_f \approx -\frac{u_o}{R_L} \cdot \frac{R_3}{R_3 + R_f}$$

由 $i_i \approx i_f$ 可得：

$$\frac{u_i}{R_1} \approx -\frac{u_o}{R_L} \cdot \frac{R_3}{R_3 + R_f}$$

闭环电压放大倍数 A_{uf} 为：

$$A_{uf} = \frac{u_o}{u_i} \approx -\left(1 + \frac{R_f}{R_3}\right)\frac{R_L}{R_1}$$

由图 4-12（d）可知，反馈信号取自输出电流 i_o，并与外加输入信号以电压形式求和，因此是电流串联负反馈，则可得 $u_f \approx u_i$，$u_d \approx 0$。由图可知：

$$u_f = \frac{R_1}{R_1 + R_L} u_o \approx u_i$$

闭环电压放大倍数 A_{uf} 为：

$$A_{uf} = \frac{u_o}{u_i} \approx 1 + \frac{R_L}{R_1}$$

【例 4-5】计算图 4-13 所示电压并联负反馈电路的电压放大倍数。

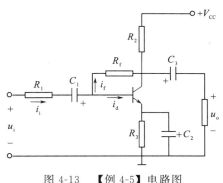

图 4-13　【例 4-5】电路图

解：此例电路为电压并联负反馈，故 $i_i \approx i_f$，$i_d \approx 0$（虚断路）。由此可知，三极管基极的交流电位可看做是零，这样，由图可得：

$$i_i \approx \frac{u_i}{R_1}$$

$$i_f \approx -\frac{u_o}{R_f}$$

由 $i_i \approx i_f$，可得：

$$\frac{u_i}{R_1} \approx -\frac{u_o}{R_f}$$

$$A_{uf} = \frac{u_o}{u_i} \approx -\frac{R_f}{R_1}$$

【例 4-6】在图 4-14 所示电路中，负反馈为深度负反馈，估算电路的电压放大倍数。

解：本例中引入了一个电压串联负反馈，在深度负反馈条件下，可以先求出反馈系数 F_{uu}，然后利用式（4-7）直接估算闭环电压放大倍数 A_{uf}。

$$F_{uu} = \frac{u_f}{u_o} = \frac{R_{e1}}{R_{e1} + R_F}$$

$$A_{uf} \approx \frac{1}{F_{uu}} = 1 + \frac{R_F}{R_{e1}}$$

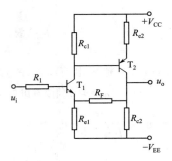

图 4-14　【例 4-6】电路图

【例 4-7】在图 4-15 所示的电路中，负反馈为深度负反馈，估算电路中的电压放大倍数。

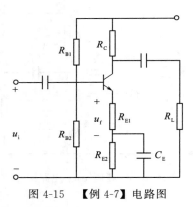

图 4-15　【例 4-7】电路图

解：在图 4-15 所示的电路中可以看出，电路为电流串联负反馈，反馈信号为电压，故 $u_f \approx u_i$，由图可知：

$$u_f = i_e \cdot R_{E1} \approx i_c \cdot R_{E1}$$

$$u_o = -i_c \cdot R'_L$$

$$A_u = \frac{u_o}{u_i} \approx \frac{u_o}{u_f} = -\frac{i_c R'_L}{i_c R_{E1}} = -\frac{R'_L}{R_{E1}}$$

依据前面章节通过微变等效电路求解的结果为：

$$A_u = -\frac{\beta R'_L}{r_{be} + (1 + \beta) R_{E1}}$$

当晶体管的 β 值和电路参数满足 $(1 + \beta) R_{E1} \gg r_{be}$ 时，$A_u \approx -\dfrac{R'_L}{R_{E1}}$ 与上述估算结果相同。

【例 4-8】估算图 4-16 所示电路的闭环电压增益 A_u。

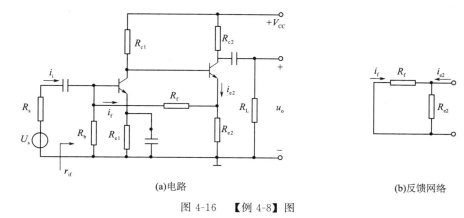

(a)电路　　　　　　　　(b)反馈网络

图 4-16　【例 4-8】图

解：分析电路可知，此电路为电流并联强负反馈，所以 $i_i \approx i_f$，并且 $R_s \approx r_{if}$。

$$i_i = \frac{U_s}{R_s + r_{if}} \approx \frac{U_s}{R_s}$$

由图 4-16 可得：

$$i_f = \frac{-R_{e2}}{R_f + R_{e2}} i_{e2} \approx \frac{-R_{e2}}{R_f + R_{e2}} i_{c2}$$

$$i_{c2} = -\frac{U_o}{R'_L}，\text{其中 } R'_L = R_{c2} // R_L$$

由此可得：

$$i_f = \frac{R_{e2}}{R_f + R_{e2}} \cdot \frac{U_o}{R'_L}$$

$$\frac{U_s}{R_s} \approx \frac{R_{e2}}{R_f + R_{e2}} \cdot \frac{U_o}{R'_L}$$

故：

$$A_{usf} = \frac{U_o}{U_s} \approx \frac{R_f + R_{e2}}{R_s R_{e2}} \cdot R'_L$$

在上述四种反馈类型的计算中，除电压串联负反馈之外，其他三种类型的闭环放大倍数都不是闭环电压放大倍数。

深度负反馈的近似估算方法简便，计算电压放大倍数也比较方便。如果不满足深度负反馈条件，这种估算的误差会比较大，这时可用方框图法进行计算。另外，对于深度负反馈放大器的输入输出电阻，并不能像放大倍数那样简单的做近似估算。不过，在理想情况下，$|1+AF| \to \infty$，可以近似得出下面的结论：

深度串联负反馈时，输入电阻 $R_{if} \to \infty$；

深度并联负反馈时，输入电阻 $R_{if} \to 0$；

深度电压负反馈时，输出电阻 $R_{of} \to 0$；

深度电流负反馈时，输出电阻 $R_{of} \to \infty$。

4.5 负反馈放大电路的自激振荡

由上面章节的分析可知，在放大电路中引入负反馈能够改善放大电路的各项性能指标，反馈深度越大，对电路性能改善就越明显。但是，反馈深度过大可能引起放大电路产生自激振荡。此时，即使电路的输入端不加信号，在其输出端也将会产生某个特定频率和幅值的输出波形。在这种情况下，放大电路的输出信号不收输入信号控制，从而失去了放大功能。下面分析负反馈放大电路产生自激振荡的原因和判断方法，以及常用的消除自激振荡的方法。

4.5.1 产生自激振荡的原因及条件

当放大器满足一定条件时，不需要外加输入信号，在输出端却有一定频率和幅值的信号产生，这种现象称为自激振荡。振荡电路是利用放大电路中的正反馈产生自激振荡，使信号发生器的初始振荡能够建立起来。

根据放大电路负反馈的分析结论可知，放大电路的开环电压放大倍数为：

$$A = \frac{u_o}{u_d}$$

反馈网络的反馈系数为：

$$F = \frac{u_f}{u_o}$$

由自激振荡的定义可知，放大电路的净输入信号 u_d 完全由反馈信号 u_f 得到，即 $u_d = u_f$，由此可得：

$$AF = \frac{u_o}{u_d} \cdot \frac{u_f}{u_o} = 1 \qquad (4\text{-}12)$$

将式（4-12）的自激振荡条件分解为两个部分：

（1）相位平衡条件：反馈电压 u_f 与净输入电压 u_d 同相位，形成正反馈。可表示为：

$$\varphi = \varphi_A + \varphi_F = \pm 2n\pi \qquad (n = 0, 1, 2, \cdots) \qquad (4\text{-}13)$$

（2）幅值平衡条件：反馈电压与净输入电压大小相等 $u_d = u_f$，即：

$$|AF| = 1$$

只有当相位平衡条件和幅值平衡条件同时满足，才能使振荡电路维持一定频率的正弦波等幅振荡。若相位平衡条件满足，而幅值平衡条件 $AF < 1$，则振荡振幅会逐渐减小，以至最终停振；若 $AF > 1$，则振荡振幅会逐渐增大，将最终导致输出电压的波形发生非线性失真。

信号发生器通过自激振荡产生正弦波，要使波形能够振荡起来，除要求电路满足相位平衡条件之外，还必须使正反馈电压 u_f 大于净输入电压 u_d，即电路应满足起振的幅值条件：

$$|AF| > 1 \qquad (4\text{-}14)$$

才能使电路产生自激振荡，使振荡的电路的输出信号从小到大建立起来；而在稳幅的过程中，则要求电路满足 $|AF|＝1$，使振荡器维持不失真的等幅振荡。

4.5.2　自激振荡的判断方法

产生自激振荡需要同时满足幅值和相位平衡两个条件，一般来说相位条件是主要的。当相位条件得到满足之后，在绝大多数情况下只要 $|AF|\geqslant1$，放大电路就能产生自激振荡。在 $|AF|＞1$ 时，输入信号经过放大和反馈，使得输出波形的幅值不断增大，直到由电路元件的非线性所确定的某个限度为止，输出幅值不再增大，从而稳定在一定的幅值内，形成稳定的正弦波。

为了判断负反馈放大电路是否能产生振荡，可通过分析放大电路的回路增益 AF 波特图，衡量其幅频特性和相频特性是否同时满足自激振荡的幅度和相位条件。

由自激条件可知，当相位条件满足相移 $\varphi＝\pm180°$，$|AF|＜1$ 时，即 $20\lg|AF|\leqslant0\text{dB}$ 时，电路稳定；否则不稳定产生自激振荡。如果设 f_c 为附加相移 $\varphi＝180°$ 时的频率；f_o 为 $20\lg|AF|＝0\text{dB}$ 时对应的频率。$f_c＜f_o$ 时负反馈放大电路不稳定；$f_c＞f_o$ 时负反馈放大电路稳定。

为了使负反馈放大电路在一定范围内发生变化的外界条件下也能稳定可靠的工作，需要放大电路具有一定的稳定裕度。通常采用幅值裕度和相位裕度两项指标作为衡量的标准。

通常将 $\varphi＝-180°$ 时的 $20\lg|AF|$ 值定义为幅值裕度 G_m，即：

$$G_m＝20\lg|AF|\,|_{f=f_o}(\text{dB})$$

对稳定的负反馈放大电路而言，G_m 为负值，G_m 值越负，表示负反馈放大电路越稳定。一般负反馈放大电路要求 $G_m\leqslant-10\text{dB}$。

相位裕度 Φ_m 定义为：

$$\Phi_m＝180°-|\varphi|_{f=f_c}$$

对于稳定的负反馈放大电路，$|\varphi(f_c)|＜180°$，其中 $\varphi(f_c)$ 为 $f=f_c$ 时的相位移，由此可知相位裕度 Φ_m 为正值。Φ_m 越大表示反馈放大电路越稳定，通常要求 $\Phi_m\geqslant45°$。

4.5.3　常用的消除自激振荡的方法

对于一个负反馈放大电路来说，为了避免产生自激振荡，保证电路工作在稳定状态，通常需要采取适当的校正措施来破坏产生自激振荡的幅值或相位条件。

最简便的方法是减小其反馈系数 $|F|$，使得当附加相移 $\varphi＝180°$ 时，$|AF|＜1$。这种方式虽然能够达到消除自激振荡的目的，但是会导致反馈深度 $|1+AF|$ 值的下降，不利于放大电路其他性能的改善。因此，需要采取某些校正措施，保证负反馈放大电路既有足够的反馈深度，又能稳定工作。

在实际工作中通常采用的措施是在放大电路中接入由 RC 元件组成的校正网络，以消除自激振荡，如图 4-17 所示。在中频和低频时，由于电容的容抗比较大，所以校正网络基本不起作用；而在高频段内，由于容抗减小，使前一级的放大倍数降低，则 $|AF|$ 的值也减小，从而破坏自己振荡的条件，保证电路的稳定工作。为了不使高频区放大倍数下降

太多，尽可能选容量小的电容，或采用图 4-17（b）的形式。而在图 4-17（c）中将电容连接在三极管的 b、c 极之间，根据密勒定理，电容的作用可增大 $|1+A_2|$ 倍（A_2 为第二级放大电路的电压放大倍数），因而可以选用较小的电容，达到同样的消振效果。

校正网络中 R、C 元件的数值，一般应根据实际情况，通过实验调试最后确定，也有一些通过理论分析和估算的参考方法。

除了以上介绍的几种常用校正网络外，还有很多其他的方式，读者如有兴趣，可参阅其他文献。

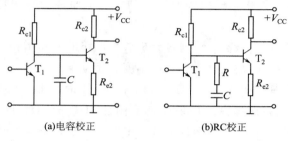

图 4-17　常用的消振电路

思考题及习题

1. 反馈，就是将放大器的＿＿＿＿＿的一部分或全部通过一定的方式回送到＿＿＿＿＿的过程。

2. 何谓正反馈、负反馈？如何判断放大电路的正、负反馈。

3. 何谓电压反馈、电流反馈？如何判断放大电路的电压反馈、电流反馈。

4. 何谓串联反馈、并联反馈？如何判断放大电路的串联反馈、并联反馈。

5. 为稳定电路的输出电压，应引入＿＿＿＿＿＿＿反馈；为稳定输出电流，应引入＿＿＿＿＿＿＿反馈。

6. 为提高放大电路的输入电阻，应引入＿＿＿＿＿反馈；为降低放大电路的输出电阻，应引入＿＿＿＿＿反馈。

7. 能提高电路放大倍数的是＿＿＿＿反馈；能稳定放大电路放大倍数的是＿＿＿＿反馈。

8. 放大电路中，为了稳定静态工作点，可引入＿＿＿＿＿反馈；若要稳定放大倍数，改善交流性能，可引入＿＿＿＿＿反馈。

9. 若反馈电路开环放大倍数 $A=100$，反馈系数 $F=0.1$，则其反馈深度为＿＿＿＿＿＿＿＿＿＿＿＿。

10. 四种反馈类型中，放大倍数 A_f 各是什么量纲？写出它们的表达式。反馈吸收 F 又是什么量纲？写出它们的表达式。

11. 图 4-18 所示的原理性电路中，只存在交流负反馈的电路是＿＿＿＿＿＿＿；只存在直流负反馈的电路是＿＿＿＿＿＿＿；交、直流负反馈都存在的电路是＿＿＿＿＿＿＿；只存在正反馈的电路是＿＿＿＿＿＿＿。

12. 应该引入何种类型的反馈，才能分别实现以下要求：①稳定静态工作点；②稳定

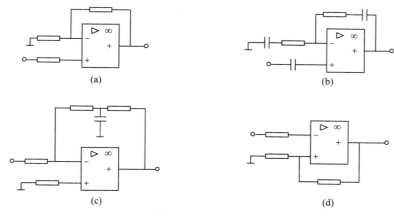

图 4-18　题 11 图

输出电压；③稳定输出电流；④提高输入电阻；⑤降低输出电阻。

13. 在具有负反馈的放大电路中，已知：开环放大倍数 $A=1000$，反馈系数 $F=0.01$，电路的输入信号 $u_i=0.5V$，试求电路的净输入信号 u_d，反馈信号 u_f 和输出信号 u_o 的值。

14. 在某一负反馈放大电路中，已知其开环放大倍数 $A=100$，反馈系数 $F=0.1$，试求其反馈深度和闭环放大倍数。

15. 在某一负反馈放大电路中，工作在闭环状态时，当输入电压为 100mV 时，输出电压为 2V；工作在开环状态时，当输入电压为 100mV 时，输出电压为 4V，试求此电路的反馈深度和反馈系数。

16. 判断如图 4-19 所示各电路中是否引入了反馈；若引入反馈，则判断是正反馈还是负反馈；若引入交流负反馈，则判断是哪种组态的负反馈，并指出反馈元件。设图中所有电容对交流信号均可视为短路。

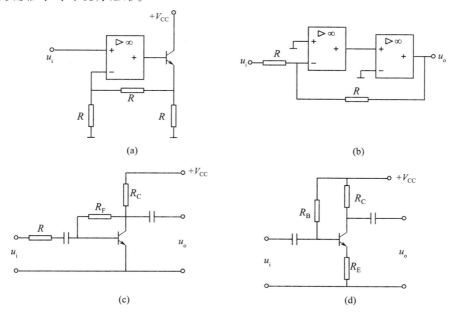

图 4-19

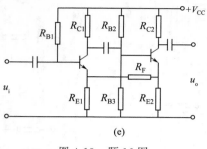

(e)

图 4-19 题 16 图

17. 如果要求当负反馈放大电路的开环放大倍数 A 变化 15% 时，其闭环放大倍数的变化限制则 1% 以内，设电路闭环放大倍数 $A_f = 100$。求此时放大电路的开环放大倍数 A 和反馈系数 F 应选什么值？如果引入的反馈为电压并联负反馈，则输入电阻和输出电阻如何变化？变化了多少？

18. 图 4-20 所示电路的电压增益为 _____。

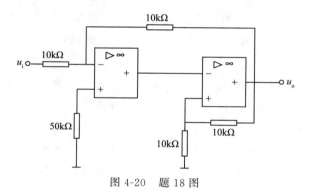

图 4-20 题 18 图

19. 正弦波振荡电路利用正反馈产生振荡的条件是 _____，其中相位平衡条件是 _____，幅值平衡条件是 _____，为使振荡电路起振，其条件是 _____。

20. 只要具有正反馈，电路就一定能产生振荡 _____（对，错）；只要满足正弦波振荡电路的相位平衡条件，电路就一定振荡 _____（对，错）；凡满足振荡条件的反馈放大电路就一定能产生正弦波振荡 _____（对，错）；正弦波振荡电路起振的幅值条件是 $|AF| = 1$ _____（对，错）。

第5章
波形产生与变换电路

本章学习要点：在计算机技术、自动控制和测量、通信等许多领域，都需要用到各种类型的信号源。根据自激振荡的原理，可构成不同种类的信号发生电路（也称为波形发生电路）。波形发生电路可分为正弦波振荡电路和非正弦波发生电路两大类。本章首先介绍了几种常用的非正弦波发生电路，包括矩形波发生电路、三角波发生电路和锯齿波发生电路，介绍了这些电路的组成和工作原理，并分析了它们的幅值和周期。随后，介绍了正弦波振荡电路的基本组成和分析方法，在此基础上分析了典型的 RC 振荡电路和 LC 振荡电路，以及石英晶体振荡电路。

5.1　非正弦波产生电路

非正弦波产生电路是指产生矩形波、三角波及锯齿形波等非正弦周期信号的电路，常常用于脉冲和数字系统的信号源。这一类的电路通常利用电子元件的开关特性和惰性元件的充放电来实现的，在具体的电路中，集成运放工作在饱和区，这一点与正弦波振荡电路中集成运放的工作区域不同，因此，电路组成、工作原理以及分析方法均与正弦波振荡电路有这明显区别。

5.1.1　矩形波产生电路

矩形波产生电路是一种能直接产生矩形波或方波的电路。由于矩形波包含了极丰富的高次谐波，因此也称为多谐振荡器。基本电路由一个滞回比较电路和一个 RC 充放电回路组成，如图 5-1 所示。其中集成运放和电阻 R_1、R_2 构成滞回比较器；电阻 R 和电容 C 构成充放电回路，并将电容电压作为滞回比较器的输入电压，控制其输出电压发生跃变；稳压管 VD_Z 和电阻 R_3 将滞回比较器的输出电压限制在稳压管的稳定电压值 $\pm U_Z$。

设电路刚接通电源时，电容 C 上的电压 $u_C=0$，比较器输出端电压为 $u_o=+U_Z$，则运放同相输入端的电压为：

$$u_+=\frac{R_1}{R_1+R_2}U_Z$$

此时输出电压通过电阻 R 对电容 C 进行充电，使电容两端的电压 u_C 升高。当电容上的电

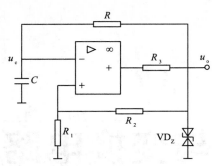

图 5-1 矩形波产生电路

压上升到 $u_- = u_+$ 时，滞回比较器的输出电压将发生跃变，由高电平跳变为低电平，$u_o = -U_Z$，于是运放输入端的电压随之变为：

$$u_+ = -\frac{R_1}{R_1 + R_2} U_Z$$

在输出电压变为低电平后，电容 C 通过电阻 R 进行放电，使 u_c 逐渐降低。当电容上的电压下降到 $u_- = u_+$ 时，滞回比较器的输出电压值再次发生跃变，即 $u_o = +U_Z$，电容 C 再次开始充电，如此循环往复，输出电压在 $\pm U_Z$ 之间反复跳变，从而形成正负交替的矩形波。电容 C 两端的电压 u_c 以及滞回比较器的输出电压 u_o 的波形如图 5-2 所示。

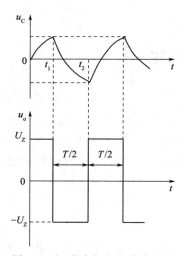

图 5-2 矩形波发生电路波形图

下面推导矩形波的周期 T。由于电容 C 的充放电时间相同，等于矩形波振荡周期的 $1/2$，在电容放电时，u_c 随时间变化的规律为：

$$u_C(t) = u_C(\infty) + [u_C(0) - u_C(\infty)] e^{-\frac{t}{\tau}}$$

其中，$u_C(0) = \frac{R_1}{R_1 + R_2} U_Z$，$u_C(\infty) = -U_Z$，$\tau = RC$，由此上式可化为：

$$u_C(t) = \left(\frac{R_1}{R_1 + R_2} U_Z + U_Z\right) e^{-\frac{t}{RC}} - U_Z$$

由图 5-2 可知，当 $t = \dfrac{T}{2}$ 时，$u_C(t) = -\dfrac{R_1}{R_1 + R_2} U_Z$，代入上式得：

$$-\frac{R_1}{R_1 + R_2} U_Z = \left(\frac{R_1}{R_1 + R_2} U_Z + U_Z \right) e^{-\frac{t}{RC}} - U_Z$$

根据此式可求得矩形波的振荡周期为：

$$T = 2RC\ln\left(1 + \frac{2R_1}{R_2} \right) \tag{5-1}$$

由上式可知，改变电容的充放电时间常数 RC 以及滞回比较器的电阻 R_1 和 R_1 值，即可调节矩形波的振荡周期。稳压管电压 U_Z 与振荡周期无关，它决定了矩形波的幅值大小。

通常将矩形波高电平的持续时间与振荡周期的比值称为占空比。图 5-1 电路的占空比为 50%，若想得到其它占空比值的矩形波，只需改变电容充放电时间常数即可。图 5-3 为占空比可调的电路，输出高电平时，D_2 导通，电容充电，充电时间常数为 $(R + R''_P)C$，高电平持续时间为：

$$T_2 = (R + R''_P)C\ln\left(1 + \frac{2R_1}{R_2} \right)$$

输出低电平时，D_1 导通，电容放电，放电时间常数为 $(R + R'_P)C$，对应的低电平持续时间为：

$$T_1 = (R + R'_P)C\ln\left(1 + \frac{2R_1}{R_2} \right)$$

因此，矩形波的周期为：

$$T = T_1 + T_2 = (2R + R_P)C\ln\left(1 + \frac{2R_1}{R_2} \right) \tag{5-2}$$

矩形波的占空比为：

$$D = \frac{T_2}{T} = \frac{R + R''_P}{2R + R_P} \tag{5-3}$$

由上式可知，通过调节电位器 R_P，即可得到不同占空比的矩形波。

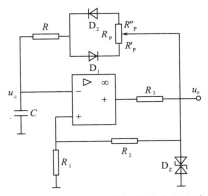

图 5-3　占空比可调的矩形波产生电路

除上面介绍的利用集成运放构成的矩形波发生电路以外，使用数字电路也可方便地生成矩形波，相关内容参阅数字电路方面的参考书。

5.1.2 三角波产生电路

在运算电路一节中已经提到,对矩形波进行积分即可得到三角波,因此将滞回比较电路和积分电路连接起来,就能构成三角波发生电路。

图 5-4 为三角波发生电路,其中集成运放 A_1 组成滞回比较电路,A_2 组成积分电路,两级运放之间由电阻 R_1 构成正反馈,形成自激振荡。

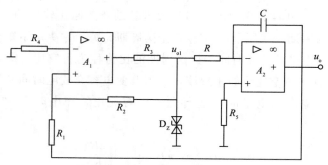

图 5-4 三角波发生电路

设电源接通的瞬间,即 $t=0$ 时刻,积分电容上的初始电压 $u_c=0$,运放 A_1 的输出电压 $u_{o1}=+U_Z$,由积分电路的输入输出关系可知,输出电压 u_o 随时间线性下降。集成运放 A_1 的同相输入端电压 u_+ 由 u_{o1} 和 u_o 共同决定,根据叠加原理可得:

$$u_+ = \frac{R_1}{R_1+R_2}u_{o1} + \frac{R_2}{R_1+R_2}u_o \tag{5-4}$$

在初始条件下,$u_{o1}=+U_Z$ 保持不变,u_o 的下降导致 u_+ 的下降,当 u_+ 下降至零时,比较器输出电压发生跃变,u_{o1} 由 $+U_Z$ 跃变为 $-U_Z$,同时 u_+ 下降为负值。在 $u_{o1}=-U_Z$ 的作用下,u_o 开始随时间线性上升,同时 u_+ 也随 u_o 的上升而增大,当 u_+ 增大至零时,比较器输出电压又发生跃变,u_{o1} 又由 $-U_Z$ 跃变为 $+U_Z$,同时 u_+ 也跃变为一个正值。如此周而复始产生振荡,比较器 A_1 输出矩形波,积分器 A_2 输出三角波,波形如图 5-5 所示。

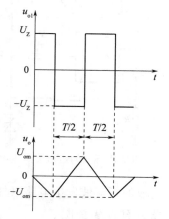

图 5-5 三角波发生电路波形图

由图 5-5 分析可知，三角波的最大值出现在滞回比较器发生跃变的时刻，即 $u_+ = 0$ 时的输出电压值就是三角波的幅值 U_{om}，由式（5-4）可得：

$$U_{om} = -\frac{R_1}{R_2} u_{o1} = \frac{R_1}{R_2} U_Z \tag{5-5}$$

由 A_2 的积分电路可求出三角波的振荡周期，输出电压 u_o 由 $-U_{om}$ 上升到 U_{om} 所需时间为 $T/2$，对积分电路可列出以下表达式：

$$\frac{1}{RC} \int_0^{\frac{T}{2}} U_Z \, \mathrm{d}t = 2U_{om}$$

即：

$$\frac{U_Z}{RC} \cdot \frac{T}{2} = 2U_{om}$$

所以三角波的振荡周期为：

$$T = \frac{4RCU_{om}}{U_Z} = \frac{4R_1 RC}{R_2} \tag{5-6}$$

由式（5-5）和式（5-6）可知，三角波的输出电压幅值与稳压管电压 U_Z 以及电阻比 R_1/R_2 成正比；三角波的振荡周期与积分电路的时间常数 RC 以及电阻比 R_1/R_2 成正比。在调整三角形输出波形时，如果 U_Z 值已定，一般情况下先调整电阻 R_1 和 R_2，使输出电压幅值达到规定值，然后再调整电阻 R 和电容 C 的值，使振荡周期满足要求。

5.1.3　锯齿形波产生电路

锯齿波和三角波十分相似，其不同在于三角波上升和下降速率相等，而锯齿波的两个速率则不同。从三角波产生电路的原理分析可知，三角波上升和下降的速率相等取决于电容的充放电时间常数相等，因此只要修改电路中的电容充放电时间常数，即可得到锯齿波发生电路，如图 5-6 所示。

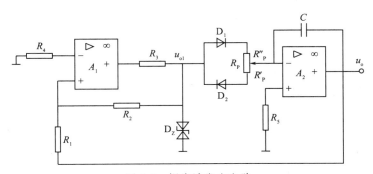

图 5-6　锯齿波发生电路

电路利用两个二极管 D_1 和 D_2 控制充放电回路，通过调整电位器 R_P 可以改变充放电的时间常数。若电路中的电阻 $R'_P \gg R''_P$，则积分电容 C 的充、放电时间常数 $\tau_{充} = R'_P C \gg \tau_{放} = R''_P C$，所以输出电压的正、负向积分时间不相等，产生如图 5-7 所示的锯齿波。

锯齿波的输出电压幅值与三角波相同，即：

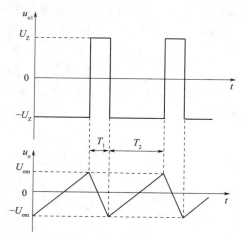

图 5-7　锯齿波发生电路波形图

$$U_{om} = \frac{R_1}{R_2} U_Z$$

当忽略二极管的导通电阻时，电容充电和放电的时间为：

$$T_1 = 2R'_P C \frac{R_1}{R_2}, \ \ T_2 = 2R''_P C \frac{R_1}{R_2}$$

所以锯齿波的振荡周期为：

$$T = T_1 + T_2 = \frac{2R_1}{R_2}(R'_P + R''_P)C$$

锯齿波占空比为：

$$D = \frac{T_1}{T} = \frac{R'_P}{R'_P + R''_P} = \frac{1}{1 + (R''_P/R'_P)}$$

　　由上式可知：改变积分电容 C，会改变锯齿波的周期 T，但对占空比 D 没有影响；改变充、放电电阻的比值，则只能改变锯齿波的占空比，却不影响其周期或频率。

5.2　正弦波产生电路

5.2.1　产生正弦波振荡的条件

　　正弦波振荡电路是依靠电路的自激振荡产生一定幅值和频率的正弦信号的电路。在第 4 章的介绍中已知，放大电路引入反馈后，在一定的条件下可能产生自激振荡，使电路不能正常工作，因此必须避免或消除这种振荡。但是如果有意识地利用自激振荡，使放大电路变成振荡电路，便能产生所需的正弦波信号。

　　正弦波发生电路的基本结构是引入正反馈的反馈网络和放大电路，如图 5-8 所示。设初始条件下，放大电路输入端 u_i 接入正弦信号，输出正弦电压 u_o。u_o 经过反馈网络送回输入端的反馈电压为 u_f，若 u_f 和 u_i 的大小、相位完全一致，即使去掉 u_i，仍可以在输出端得到幅值维持不变的输出电压，从而产生自激振荡。

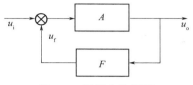

图 5-8　振荡电路框图

由于 $u_f = Fu_o = AFu_i = u_i$，所以，产生振荡的条件是：$AF = 1$。从幅值和相位两个角度分析可知，自激振荡的形成必须满足以下两个条件。

相位平衡条件：在振荡电路中，反馈电压 u_f 与输入电压 u_i 应该相位相同，为正反馈，即有：

$$\varphi_A + \varphi_F = \pm 2n\pi \qquad (n = 0, 1, 2, \cdots)$$

幅值平衡条件：在振荡电路中，反馈电压 u_f 与输入电压 u_i 必须大小相等，即必须有足够的反馈电压，即有：

$$|AF| = 1$$

5.2.2　正弦波振荡电路的组成

目前常用的正弦波振荡电路多为反馈型振荡器，通常具有以下四个组成部分：

① 放大电路：由三极管、场效应管或集成运放等核心元件构成；

② 反馈网络：由 R、L、C 等元件构成，与放大电路一起构成正反馈电路，满足条件 $AF = 1$，将最初的微小扰动中的频率分量逐步放大到所需要的幅度；

③ 选频网络：由 LC、RC 电路和石英晶体等不同的电路构成，依靠其选频特性，使振荡电路输出单一频率的正弦波；

④ 稳幅环节：由放大元件的非线性特性来实现，其作用是在输出电压的幅值过大而产生非线性失真时，使振荡电路由起振状态 $|AF| > 1$，自动转入到稳幅工作状态 $|AF| = 1$，从而得到较好的输出波形。

根据选频网络构成元件的不同，可将正弦波振荡器分为 RC 正弦波振荡电路、LC 正弦波振荡电路和石英晶体振荡电路。RC 振荡器的振荡频率范围一般在 1MHz 以下，属于低频振荡器；LC 振荡器的振荡频率范围一般在 1MHz 以上，属于高频振荡器。在不同种类的正弦波振荡器中，石英晶体振荡器的振荡频率非常稳定，是其他种类的正弦波振荡器无法比拟的。因此，它在许多场合都作为基准振荡源。

在振荡器的实际电路中，选频网络既可设置在放大电路中，也可设置在反馈网络中。在某些正弦波振荡器中，反馈网络和选频网络由同一电路充当的。

5.3　RC 正弦波振荡电路

常见的 RC 正弦波振荡电路采用 RC 串并联电路作为选频网络，称为文氏桥正弦波振荡电路。串并联网络在此作为选频和反馈网络，因此首先分析串并联网络的选频特性，才能分析它的振荡原理。

5.3.1　RC 串并联网络的选频特性

RC 串并联电路如图 5-9 所示。通过分析电路特性可知，电路的通频带内必然存在一个频率值 f_0，使得输出电压 u_f 与输入电压 u_i 相位一致，这就是 RC 串并联网络的选频特性。

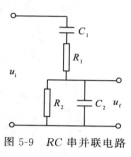

图 5-9　RC 串并联电路

RC 串联臂的阻抗用 Z_1 表示，RC 并联臂的阻抗用 Z_2 表示，为了便于调整参数，通常使 $R_1 = R_2 = R$，$C_1 = C_2 = C$。由图 5-9 推导出 RC 串并联网络的频率特性为：

$$F = \frac{u_f}{u_i} = \frac{Z_2}{Z_1 + Z_2} = \frac{\dfrac{R}{1 + \mathrm{j}\omega RC}}{R + \dfrac{1}{\mathrm{j}\omega C} + \dfrac{R}{1 + \mathrm{j}\omega RC}}$$

$$= \frac{1}{3 + \mathrm{j}\left(\omega RC - \dfrac{1}{\omega RC}\right)}$$

令 $\omega_0 = \dfrac{1}{RC}$，则上式可化简为：

$$F = \frac{1}{3 + \mathrm{j}\left(\dfrac{\omega}{\omega_0} - \dfrac{\omega_0}{\omega}\right)} \tag{5-7}$$

由此可求得幅频特性表达式为：

$$|F| = \frac{1}{\sqrt{3^2 + \left(\dfrac{\omega}{\omega_0} - \dfrac{\omega_0}{\omega}\right)^2}} \tag{5-8}$$

相频特性表达式为：

$$\varphi_F = -\arctan\left(\frac{\dfrac{\omega}{\omega_0} - \dfrac{\omega_0}{\omega}}{3}\right) \tag{5-9}$$

RC 串并联网络的幅频特性和相频特性曲线如图 5-10 所示。由图可知，当 $\omega = \omega_0 = \dfrac{1}{RC}$ 时，幅频值最大为 $1/3$，相位角 $\varphi_F = 0$，因此该电路具有选频特性。

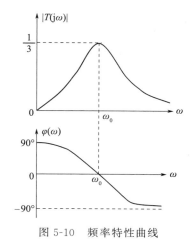

图 5-10　频率特性曲线

5.3.2　RC 正弦波振荡电路

由集成运放构成的 RC 串并联网络正弦波振荡电路如图 5-11 所示。同相比例运算电路作为振荡器的放大环节，反馈网络和选频网络由串并联电路组成。

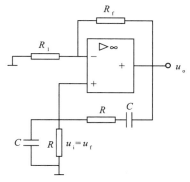

图 5-11　RC 正弦波振荡电路

由 RC 串并联网络的选频特性可知，在 $\omega=\omega_0=1/RC$ 时，其相移 $\varphi_F=0$，为了使振荡电路满足自激振荡条件，要求放大电路的相移 φ_A 也为 $0°$（或 $360°$）。由于 RC 串并联网络的选频特性，使信号通过反馈网络后，仅有 $\omega=\omega_0$ 的信号才能满足相位条件，因此，该电路的振荡频率为 ω_0，从而保证了电路输出为单一频率的正弦波。

为了使电路能达到稳定振荡，还应满足起振条件 $|AF|>1$。当 $\omega=\omega_0$ 时，$|F|=1/3$，因而按起振条件可求得：

$$A = 1 + \frac{R_f}{R_1} > 3$$

即：

$$R_f > 2R_1$$

当运放满足上式时，即可保证振荡电路起振并有幅度稳定的正弦波输出。

由于选频网络兼作反馈网络，当它接在运算放大器的输出端与同相输入端之间时，运放对选频网络有一定的影响。将其视为理想运放，忽略运放对选频网络的影响，此时，可将正弦波振荡器的振荡频率视为 RC 串并联网络的特征频率，即：

$$f_0 = \frac{1}{2\pi RC}$$

为了使振荡器能产生稳定的不受外界影响的等幅振荡，应加入自动稳幅电路。通常利用二极管和稳压管的非线性特性、场效应管的可变电阻特性以及热敏电阻等元件的非线性特性，来自动地稳定振荡器输出的幅值。在图 5-11 所示的 RC 正弦波振荡电路中，R_f 或 R_1 应采用非线性电阻，例如 R_f 采用温度系数为负值的热敏电阻，或 R_1 采用温度系数为正值的热敏电阻。当电路的输出电压较小时，流经 R_f 的电流也较小，热敏电阻的阻值较大，满足 $|AF|>1$ 的起振条件，输出电压值增加；随着电压值的增大，流过 R_f 的电流值也增大，热敏电阻的阻值逐渐减小；当输出电压值增大到一定值后，热敏电阻的阻值下降到 $2R_1$，从而使得 $|AF|=1$，电路达到稳定状态。

图 5-12 电路也是能够实现稳定波形的正弦波发生电路，其利用二极管正向伏安特性的非线性实现了电路的自动起振和稳幅。如图 5-12 所示，D_1 和 D_2 为两支反相并联的二极管，在自激振荡建立初期，输出电压 u_o 较小，不足以满足二极管导通条件，D_1 和 D_2 均可视为开路，此时反馈电阻为 $(R_f+R'_f)>2R_1$，电路满足起振条件，输出电压增大。随着输出电压 u_o 的增大，二极管两端的电压随输出电压而增大，D_1 和 D_2 在 u_o 的正、负半周分别导通，其正向导通电阻逐渐减小，直至 $R_f \approx 2R_1$，运放的电压放大倍数逐渐下降，直到电路满足稳幅条件，使得输出电压幅值趋于稳定。

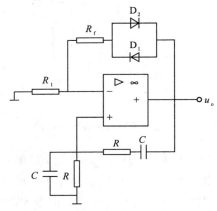

图 5-12　自动稳幅 RC 串并联网络振荡电路

RC 串并联正弦波振荡电路的频率可通过调整电容 C 和电阻 R 的参数来实现。欲产生高频正弦波信号，必然要求电阻和电容的值较小，而电路中存在的分布电容，使得电容减小不能超过一定的限度，因此在制造上将有很大的困难，因此 RC 正弦波振荡电路适合用于作为低频信号发生器，如要产生高频率的信号，可采用 LC 正弦波振荡电路。

【例 5-1】RC 串并联网络正弦波振荡信号发生器，采用图 5-13 所示电路进行输出频率调整。电容调节进行频率粗调，电位器调节进行频率细调，已知 C_1、C_2、C_3 分别为 $0.2\mu F$、$0.02\mu F$、$0.002\mu F$，固定电阻 $R=4k\Omega$，电位器 $R_w=40k\Omega$。试估算该仪器频率的调节范围。

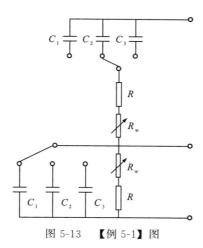

图 5-13　【例 5-1】图

解：在低频挡，$C_1 = 0.2\mu F$ 时，当电位器置于最大值时，即 $R + R_w = (4+40)\,k\Omega = 44k\Omega$ 时，

$$f = \frac{1}{2\pi RC} = \frac{1}{2\pi \times 44 \times 10^3 \times 0.2 \times 10^{-6}} = 18\,Hz$$

当电位器置于零时，$R + R_w = 4k\Omega$，此时频率为：

$$f = \frac{1}{2\pi RC} = \frac{1}{2\pi \times 4 \times 10^3 \times 0.2 \times 10^{-6}} = 199\,Hz$$

在中频挡，$C_2 = 0.02\mu F$ 时，当电位器置于最大值时，频率为：

$$f = \frac{1}{2\pi RC} = \frac{1}{2\pi \times 44 \times 10^3 \times 0.02 \times 10^{-6}} = 181\,Hz$$

当电位器置于零时，频率为：

$$f = \frac{1}{2\pi RC} = \frac{1}{2\pi \times 4 \times 10^3 \times 0.02 \times 10^{-6}} = 1990\,Hz$$

在高频段，$C_3 = 0.02\mu F$ 时，当电位器置于最大值时，频率为：

$$f = \frac{1}{2\pi RC} = \frac{1}{2\pi \times 44 \times 10^3 \times 0.002 \times 10^{-6}} = 1.81\,kHz$$

当电位器置于零时，频率为：

$$f = \frac{1}{2\pi RC} = \frac{1}{2\pi \times 4 \times 10^3 \times 0.002 \times 10^{-6}} = 19.9\,kHz$$

综上分析，可知此信号发生器，三档的调节范围分别为：

低频挡：18～199Hz；中频挡：181～1990Hz；高频挡：18.1～19.9kHz。

由于三挡之间存在重复频段，因此此电路可看做是在 18Hz～19.9kHz 的频率范围内可调。

5.4　*LC* 正弦波振荡电路的组成

　　LC 振荡电路以电感和电容元件组成选频网络，一般可产生 1000MHz 以上的正弦波信号，按反馈电路的形式不同，有变压器耦合 *LC* 振荡电路、电感三点式 *LC* 振荡电路、电容三点式 *LC* 振荡电路等。

　　由于一般要求 *LC* 正弦波振荡电路的振荡频率较高或功率较大，通用的集成运放带宽和功率达不到要求，因此，*LC* 振荡电路中的放大电路通常采用晶体管放大电路或场效应管放大电路。

5.4.1　变压器耦合 *LC* 振荡电路

　　电压器耦合 *LC* 振荡电路如图 5-14 所示，振荡电路由放大、选频和反馈等部分组成。采用静态工作点稳定的分压式偏置共发射极放大电路，起放大和控制作用，电容 C_B 和 C_E 的容量较大，对交流短路，对直流起隔直作用。*LC* 并联网络作为选频电路连接在三极管的集电极，由电路的理论可知，*LC* 并联电路的谐振频率为：

$$f_0 \approx \frac{1}{2\pi\sqrt{LC}}$$

　　在谐振频率 f_0 下，*LC* 并联电路呈电阻性，其等效阻抗最大，因此共发射极放大电路的输出电压也最大，而其他频率的阻抗很小，所以输出电压也很小，从而达到选频的目的。

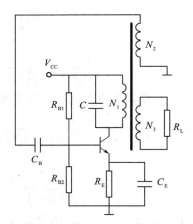

图 5-14　电压器耦合 *LC* 振荡电路

　　将变压器的次级绕组 N_2 作为反馈绕组，将输出电压的一部分作为反馈电压 u_f 送回到放大电路的输入端。为使电路产生自激振荡，必须正确连接反馈绕组 N_2 的极性，以满足正反馈的相位平衡条件。共发射极放大电路的输出电压 u_o 与输入电压 u_i 相位相反，因此在反馈时需要将 u_o 反相，以达到 u_f 与 u_i 相位相同，即正反馈的目的。对于变压器的两个绕组 N_1 和 N_2，若互为同名端，则相位相同；若互为异名段，则相位相反。因此，只要满足 N_1

和 N_2 同名端相连，则 u_f 与 u_i 相位相反，产生正反馈。同时，合理地选择反馈绕组匝数和三极管的电流放大系数 β，可保证足够的反馈电压，满足幅值条件，使电路产生自激振荡。

LC 正弦波振荡电路的稳幅是通过三极管的非线性实现的。当输出电压的振幅增大到一定程度时，三极管的电流放大倍数 β 会下降，使放大电路的放大倍数也下降，从而起到稳幅的作用。

5.4.2　电感三点式 LC 振荡电路

电感三点式振荡电路如图 5-15 所示。其结构原理与变压器耦合振荡电路相似，它的特点是把谐振回路中采用具有抽头的电感线圈 L_1 和 L_2 替代变压器。电路中，线圈的首尾两端分别连接三极管的集电极和基极，中间抽头接地，电感 L_2 将输出电压的一部分反馈到输入端，形成反馈电压 u_f，满足 $u_f = u_i$。正是由于电感线圈通过三个端子与放大电路相连，因而称为电感三点式振荡电路。

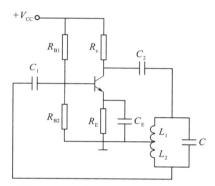

图 5-15　电感三点式 LC 振荡电路

由于谐振时 LC 并联网络中的阻抗为纯阻抗，因此集电极电压 u_c 与 u_i 反相，即 $\varphi_A = 180°$。因而 L_2 上的反馈电压也反相，即 $\varphi_F = 180°$，电路满足相位平衡条件，电路的振荡频率等于 LC 并联电路的谐振频率：

$$f_0 = \frac{1}{2\pi\sqrt{LC}} = \frac{1}{2\pi\sqrt{(L_1 + L_2 + 2M)C}}$$

其中，M 为电感的互感系数，L 为谐振回路的等效电感。

电感三点式振荡电路比较容易起振，改变电感抽头的位置，即可改变 L_2/L_1 的比值，从而获得振幅较大的正弦波输出。通常选择反馈线圈 L_2 的圈数为整个线圈的 $1/8$ 到 $1/4$。电感式振荡电路调节频率方便，采用可变电容，可获得一个较宽的频率调节范围，可以产生几千赫兹到几十兆赫兹的频率。但是，由于反馈电压取自电感 L_2，而电感对高次谐波的阻抗较大，不能将高次谐波短路掉，因而输出波形中含有较大的高次谐波，故波形较差，另外由于其频率稳定性不高，通常应用于要求不高的设备中。

5.4.3　电容三点式 LC 振荡电路

电容三点式 LC 振荡电路如图 5-16 所示。为了改善电感式振荡电路中波形较差的缺陷，将图 5-15 中的电感L_1和L_2改为对高次谐波呈现低阻抗的电容C_1和C_2，将原来的电容C改为电感L，如图 5-16 所示。

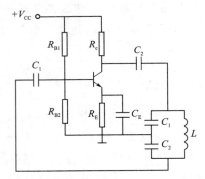

图 5-16 电容三点式 LC 振荡电路

由于 LC 并联电路中的串联电容C_1和C_2通过三点与放大电路的三极相连，因而称为电容三点式振荡电路。由电容C_2将输出电压的一部分反馈至输入端从而形成输入电压，即$u_f = u_i$。u_f 与 u_i 同相，通过调节电容C_1和C_2的比值来改变反馈电压，从而使得电路满足相位平衡条件。因此，振荡频率即为 LC 回路的谐振频率，即：

$$f_0 = \frac{1}{2\pi\sqrt{LC}} = \frac{1}{2\pi\sqrt{L\dfrac{C_1 C_2}{C_1 + C_2}}}$$

由于反馈电压取自电容C_2，对高次谐波的阻抗很小，因此反馈电压中的谐波分量很小，输出波形较好。电容C_1和C_2的容量可以取较小值，并可将管子的极间电容计算到C_1和C_2中，振荡频率可达 100MHz 以上。但管子的极间电容随温度等因素变化，对振荡频率有一定的影响。调节C_1或C_2可以改变振荡频率，但同时也会影响起振条件，因此这种电路适用于产生固定频率的振荡。如要改变频率，可在 L 两端并联一个可变电容，由于固定电容C_1和C_2的影响，频率的调节范围比较窄，通常选用两个电容之比为$C_1/C_2 \leqslant 1$。

在实际应用过程中，常需要振荡频率十分稳定，在采用 RC 振荡电路和 LC 振荡电路都达不到要求的情况下，可以采用石英晶体振荡电路。

5.5　石英晶体振荡电路

将二氧化硅（SiO_2）结晶体按一定的方向切割成很薄的晶片，再将晶片两个对应的表面抛光和涂敷银层，并作为两个极引出管脚，加以封装，就构成石英晶体谐振器。在石英晶体两个管脚加交变电场时，它将会产有利于一定频率的机械变形，而这种机械振动又会产生交变电场，上述物理现象称为压电效应。一般情况下，无论是机械振动的振幅，还是交变电场的振幅都非常小。但是，当交变电场的频率为某一特定值时，振幅骤然增大，产生共振，称之为压电振荡。这一特定频率就是石英晶体的固有频率，也称谐振频率。

石英晶振可用图 5-17 所示的等效电路来表示，当石英晶体不振动时，可将其看成是一个平行板电容器C_0，称为静电电容。当晶片产生振动时，机械振动的惯性等效为电感 L，其值为几毫亨。晶片的弹性等效为电容 C，其值仅为 $0.01 \sim 0.1 \text{pF}$，因此 $C < 0$。晶片 的摩擦损耗等效为电阻 R，其值约为 100Ω，理想情况下 $R = 0$。

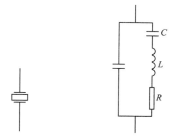

图 5-17　石英晶体谐振器

从石英晶体谐振器的等效电路可知，它有两个谐振频率，即当 L、C、R 支路发生谐 振时，它的等效阻抗最小，串联谐振频率为 $f_s = \dfrac{1}{2\pi\sqrt{RC}}$。当频率高于 f_s 时，L、C、R 支路呈感性，可与电容C_0发生并联谐振，并联谐振频率为：

$$f_p \approx \frac{1}{2\pi\sqrt{L\dfrac{CC_0}{C+C_0}}} = f_s\sqrt{1+\frac{C}{C_0}}$$

由于 $C \ll C_0$，因此，f_s 与 f_p 非常接近。

由石英晶振组成的振荡电路的形式是多种多样的，但其基本电路只有两类，即并联晶 体振荡电路和串联晶体振荡电路。前者石英晶振工作在 f_s 与 f_p 之间，利用晶片作为一个 电感来组成振荡电路，后者则工作在串联谐振频率f_s处，利用阻抗最小的特性来组成振荡 电路。

由于石英晶体特性好，而且仅有两根引线，安装和调试非常方便，容易起振，因而石 英晶体在正弦波振荡电路和矩形波产生电路中获得了广泛的应用。由于晶体的固有频率和 温度相关，因此石英谐振器只有在较窄的温度范围内工作才具有很高的频率稳定度。

思考题及习题

1. 一个实际的正弦波振荡电路主要由＿＿＿＿＿、＿＿＿＿＿和＿＿＿＿＿三部分组成。 为了保证振荡幅值稳定且波形较好，常需要＿＿＿＿环节。

2. 利用运放组成非正弦波产生电路，其基本电路有哪些单元组成？

3. 列举各种类型的正弦波振荡电路，并说明各有什么特点？

4. 锯齿波产生电路和三角波产生电路有何区别？

5. 正弦波振荡电路由哪些部分组成？如果没有选频网络，输出信号将有什么特点？

6. 图 5-18 所示的方波产生电路中，已知：$R_1 = R_2 = R = 20\text{k}\Omega$，$C = 0.01\mu\text{F}$，$U_Z = \pm 6\text{V}$。试计算矩形波的频率和$u_C$的幅值。

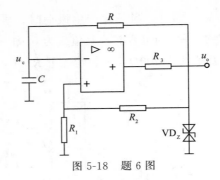

图 5-18　题 6 图

7. 如图 5-19 所示的矩形波发生电路中，假设集成运放和二极管均为理想的。已知：$R=10\text{k}\Omega$，$R_1=R_2=15\text{k}\Omega$，$R_3=2\text{k}\Omega$，电位器 $R_\text{w}=100\text{k}\Omega$，电容 $C=0.01\mu\text{F}$，稳压管的稳压值 $U_\text{Z}=\pm6\text{V}$。如果电位器的滑动端位于中间位置，试求：

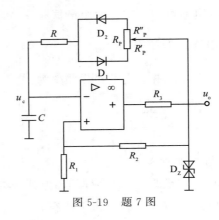

图 5-19　题 7 图

（1）画出输出电压 u_o 和电容上电压 u_c 的波形图；

（2）估算输出电压的振荡周期 T；

（3）当电位器滑动端分别调至最上端和最下端时，求电容的充电时间 T_1、放电时间 T_2、输出波形的振荡周期 T 以及占空比 D。

8. 如图 5-20 所示的矩形波-三角波发生电路中，设稳压管的稳压值 $U_\text{Z}=\pm6\text{V}$，$R_1=20\text{k}\Omega$，$C=0.1\mu\text{F}$。

（1）若要求输出的三角波幅值 $U_\text{om}=3\text{V}$，振荡周期 $T=1\text{ms}$，试确定电阻 R_2、R_4 的阻值；

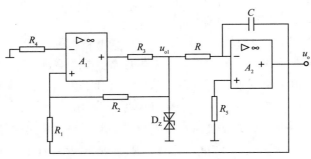

图 5-20　题 8 图

（2）试画出输出电压u_{o1}和u_o的波形。

9．波形发生电路如图 5-21 所示，设振荡周期为 T，在一个周期内$u_{o1}=U_Z$的时间为T_1，则占空比为T_1/T。在电路的某一参数发生变化时，其余参数不变，选择①增大、②减小、③不变，填入下列空白：

（1）当R_1增大时，u_{o1}的占空比将_____，振荡频率将_____，u_{o2}的幅值将_____；

（2）若R_P的滑动端向上移动，u_{o1}的占空比将_____，振荡频率将_____，u_{o2}的幅值将_____。

10．在图 5-21 所示的锯齿波发生电路中，设$R_1=20\text{k}\Omega$，$R_2=15\text{k}\Omega$，$R_3=1\text{k}\Omega$，$R_P=10\text{k}\Omega$，$C=0.1\mu\text{F}$，稳压管的稳压值$U_Z=\pm6\text{V}$，试问，当电位器R_P的滑动端距离最上端20%时，锯齿波的T_1、T_2和T分别等于多少？锯齿波的幅值U_{om}等于多少？画出电压u_{o1}和u_o的波形图。

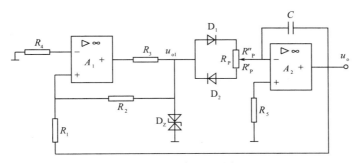

图 5-21　题 9、10 图

11．电路如图 5-22 所示，试从相位平衡条件判断各电路，说明下述问题：

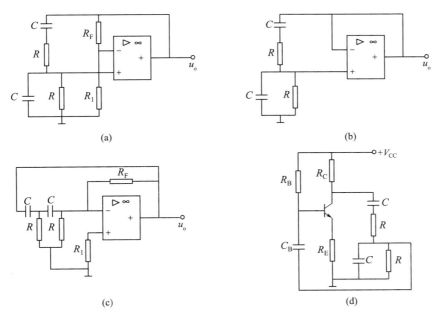

(a)　　　　　　　　　　　　　(b)

(c)　　　　　　　　　　　　　(d)

图 5-22　题 11 图

（1）各电路能否产生正弦振荡；

（2）对不能产生振荡的电路，如何改变接线使之满足相位平衡条件。

12. 正确连接如图 5-23 所示的电路，使之成为一个正弦波振荡电路，将连线画在图上；根据图中给定的电路参数，估算振荡频率 f_0；为保证电路起振，确定电阻 R_2 的阻值。

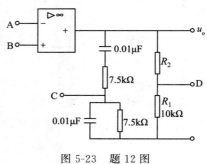

图 5-23　题 12 图

13. 在如图 5-24 所示的三个振荡电路中，电路中的电容量足够大，对于交流信号来说可视为短路，试分析下列电路中哪些可能产生自激振荡；若不可能产生振荡，请加以修改，并写出振荡频率 f_0 的表达式。

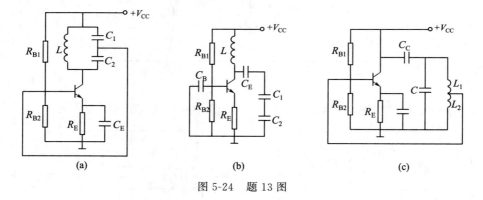

图 5-24　题 13 图

14. 在如图 5-25 所示的电路中，将电路正确连接起来，使之能够产生正弦波振荡，估算振荡频率 f_0；短路电容 C_3，此时电路的振荡频率 f_0 变为多少？

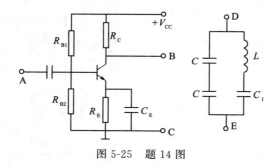

图 5-25　题 14 图

第6章
功率放大电路

本章学习要点：一个实用的电子放大系统就是一个多级的放大电路，一般包括电压放大电路和功率放大电路。电压放大电路的主要作用是不失真地提高输出信号的幅度，输出功率并不要求很大，它是"小信号"放大，以微变等效电路的分析为主；功率放大电路的任务是在信号不失真或轻度失真的前提下，提高输出功率以推动负载工作，如使扬声器发声、推动电动机旋转等，功率放大电路通常在"大信号"状态下工作，通常采用"图解法"来分析。通常多级放大电路的末级是功率放大电路。

6.1 功率放大电路概述

6.1.1 功率放大电路的概念

（1）功率放大电路的基本要求

要推动负载工作，必须使用功率放大电路。从能量转换和控制的角度来说，电压放大电路和功率放大电路并没有本质的差别。但对两种放大电路的要求是不同的，对功率放大倍数有以下三点基本要求。

① 要求功放电路的输出功率尽可能大。即要求输出电压与电流的幅值足够大，需要晶体管在接近极限状态下工作。

② 要有较高的效率。由于功放电路的输出功率较大，直流电源消耗的功率也大，这就存在一个效率问题，即

$$\eta = \frac{P_O}{P_E} \tag{6-1}$$

其中，P_O 为输出功率，P_E 为直流电源的输出功率。工作效率越低，则消耗在晶体管上的功率就越大，这样既缩短了晶体管的寿命，又浪费能源。因此要设法在功率放大电路中降低晶体管的功耗，提高电路的效率。

③ 非线性失真要小。由于晶体管工作在极限状态，容易进入非线性区，产生非线性失真，因此根据负载的要求，将失真限定在允许的范围内。

（2）功率放大电路的工作状态

根据静态工作点在交流负载线上的位置不同，低频放大电路的工作状态被分为三种：甲类、乙类和甲乙类。

① 甲类工作状态：甲类功率放大器的静态工作点 Q 位于交流负载线的中点，如图 6-1（a）所示。在输入信号的整个周期内，三极管始终处于放大状态，并有集电极电流流过晶体管，放大电路的这种工作状态称为甲类状态。在这种工作状态下，输出信号不失真，但在输入信号为零时，电源提供的功率全部消耗在晶体管和电阻上，以集电极损耗为主。当有输入信号时，集电极电流以 I_{CQ} 为基准按正弦规律变化，输出功率中的一部分转化为有用的输出功率 P。可以证明，在理想的情况下最大效率也只有 50%，而实际效率远远低于这个水平。因此实际功放已很少采用甲类工作状态。

② 乙类工作状态：乙类功率放大器的静态工作点 Q 位于交流负载线和输出特性曲线 $I_B=0$ 的交点，输出特性曲线截止区的边缘，如图 6-1（b）所示。在输入信号的整个周期内，三极管只对半个周期的信号进行放大，输出信号只剩半个波形，发生了严重失真。但输入信号 $u_i=0$ 时，功放本身的功率消耗也接近于零。因此乙类功放的电路效率较高，在理想情况下最大效率的理论值为 78.5%。

③ 甲乙类功率放大器：甲乙类功率放大器的静态工作点 Q 在交流负载线上略高于乙类工作点，如图 6-1（c）所示。在输入信号的整个周期内，三极管能对大半个周期的信号进行放大，输出信号有大半个波形，输出仍有较大失真，效率介于甲类和乙类之间。

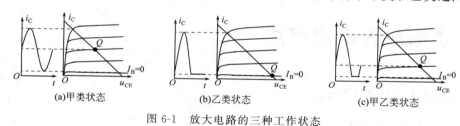

图 6-1 放大电路的三种工作状态

6.1.2 功率放大电路的分类及特点

根据功率放大电路输出端的结构特点，可分为以下几种：

① 有输出变压器功率放大电路；

② 无输出变压器功率放大电路（又称 OTL 功放电路）；

③ 无输出电容器功率放大电路（又称 OCL 功放电路）；

④ 桥式无输出变压器功率放大电路（又称 BTL 功放电路）。

功率放大电路的主要性能指标：

① 最大输出功率 P_{om}：输出功率 P_o 等于输出电压 U_o 与输出电流 I_o 的乘积，即 $P_o=U_o I_o$，由此可得电路的最大输出功率 P_{om} 为：

$$P_{om} = U_o I_o = \frac{U_{om}}{\sqrt{2}} \frac{I_{om}}{\sqrt{2}} = \frac{1}{2} U_{om} I_{om} \qquad (6-2)$$

式中，U_{om} 表示为输出电压的振幅；I_{om} 表示为输出电流的振幅。

② 效率 η：电路的效率等于负载获得的功率 P_o 与电源的直流功率 P_V 之比，即：

$$\eta = \frac{P_{\text{o}}}{P_{\text{v}}}$$

③ 非线性失真系数 THD：非线性失真的程度用非线性失真系数 THD 来衡量，其大小等于非信号频率成分电量与信号频率成分电量之比。即：

$$THD = \frac{非信号频率成分强度}{信号频率成分强度}$$

6.2 互补对称功率放大电路

为降低信号失真、提高功率放大电路的工作效率，在实际的放大电路中常采用互补对称功率放大电路。这种电路利用两个类型不同（NPN 型和 PNP 型）、但特性及参数相同的三极管 T_1 和 T_2 组成功率放大电路。由于它们对偏置电流的要求不用，所以 NPN 管工作在输入信号的正半周，PNP 管工作在输入信号的负半周，从而构成完整的输出信号，这种工作方式称为互补对称方式。本节中讨论两种互补对称电路：双电源的无输出电容 OCL（Output Capacitorless）电路；单电源的有输出电容、无输出变压器 OTL（Output Transformerless）。

6.2.1 双电源互补对称电路 （ OCL 电路 ）

图 6-2 （a）为简单的 OCL 互补对称放大电路，T_1（NPN 型）和 T_2（PNP 型）是两个不同类型的晶体管，两管的特性基本相同。两管所连直流电源大小相等、极性相反，输入信号接于两个管子的基极，负载接于两个管子的发射极。该电路实质上是由两个工作在乙类状态的射极输出器所组成。

静态工作状态下，即输入 $u_i = 0$ 时，由对称性可知 $U_A = 0$，故 $I_C = 0$，两管都处于截止状态，电路在乙类工作状态。在输入信号的正半周，$u_i > 0$，且大于三极管发射结死区电压 U_{on} 时，T_1 管发射结正向偏置，T_2 管发射结反向偏置，故 T_1 导通、T_2 截止，$u_o > 0$，其电流路径如图 6-2 （a）中 i_{C1} 所示。

在输入信号的负半周，$u_i < 0$，且 $|u_i|$ 大于三极管发射结死区电压 U_{on} 时，T_1 管发射结反向偏置，T_2 管发射结正向偏置，故 T_1 截止、T_2 导通，$u_o < 0$，其电流路径如图 6-2

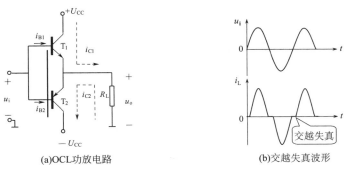

(a)OCL功放电路　　　(b)交越失真波形

图 6-2　OCL 功放电路及交越失真波形

（a）中i_{C2}所示。这样，在一个周期内，T_1、T_2交替导通，i_{C1}和i_{C2}以不同方向流过负载，合成一个正弦波。由图6-2（b）可以看出，输出波形存在着失真，这是由于在u_i过零、且小于三极管发射结死区电压U_{on}时，两个管子均不导通，这种失真称为交越失真。

为了消除交越失真，可为OCL电路设置很小的静态工作点，以克服三极管发射结的死区电压，设置偏置的常用电路如图6-3所示。D_1、D_2为与晶体管同种材料的二极管，利用二极管的正向压降为三极管提供正向偏置电压，使T_1和T_2具有很小的静态偏置电流。

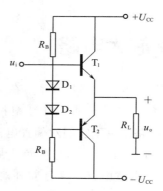

图6-3　OCL互补放大电路

静态时，D_1、D_2导通，$+U_{CC} \rightarrow R_B \rightarrow D_1 \rightarrow D_2 \rightarrow R_B \rightarrow -U_{CC}$间存在一直流通路，在两个三极管基极之间所产生的压降稍大于两管发射结电压，此时T_1和T_2均处于微导通状态。当输入电压$u_i > 0$时，T_1立即完全导通，同时T_2截止；当输入电压$u_i < 0$时，T_2立即完全导通，同时T_1截止。即使u_i很小，也能保证有一个管子导通，这样就消除了交越失真。这时，由于晶体管T_1和T_2的静态工作点稍高于截止点，导通时间均大于u_i的半个周期，因此电路工作在甲乙类状态。

6.2.2　单电源互补对称电路（OTL电路）

OTL互补对称性功率放大电路的原理电路如图6-4所示，它与OCL电路的结构和工作原理类似。T_1和T_2在输入信号的正、负半周交替导通，在输出端组合成完整的u_o波形。与OCL电路不同的是，OTL电路中串接了一个大容量电容C从而省掉了一组负电源，只用一个电源$+U_{CC}$。由于这种电路的输出通过电容C与负载R_L耦合，而不是用变压器，因此这种电路称为OTL（Output Transformerless，无输出变压器）电路。

图中T_1和T_2特性一致互补对称，对电源$+U_{CC}$来说，T_1和T_2是串联的，因此A点的直流电位为$U_{CC}/2$。同时电容C也被充电到$U_{CC}/2$，如果C的电容足够大，可以认为在整个信号作用过程中，C上的电压$U_{CC}/2$近似不变，并用其作为T_2的直流供电电压。T_1的直流供电电压为U_{CC}与电容两端电压之差，也为$U_{CC}/2$。这就是OTL电路采用单电源仍能正常工作的原因，但需要注意的是，单电源OTL电路每管的等效电源电压为$U_{CC}/2$。

在u_i的正半周，T_1导通，T_2截止，电流i_{C1}的方向为$+U_{CC} \rightarrow T_1 \rightarrow C \rightarrow R_L \rightarrow$地，在$R_L$上输出电压的正半周，同时为电容$C$进行充电。在$u_i$的负半周，$T_1$截止，$T_2$导通，电流$i_{C2}$的方向为$C \rightarrow T_2 \rightarrow R_L$，构成$R_L$上负载电压的负半周。由上面的分析可知，两个晶体管

的等效电源电压都为 $U_{CC}/2$，大小相同，从而保证了负载上正负半周电压对称。

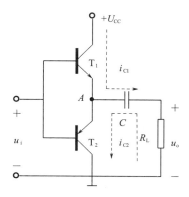

图 6-4 OTL 功放电路原理图

在上文中介绍的 OCL 和 OTL 互补对称放大电路中，要求功放级 NPN 管和 PNP 管特性完全一致。当要求放大器的输出功率很大时，要找出一对特性完全堆成的 NPN 管和 PNP 管比较困难，T_1 和 T_2 不对称，将影响到波形的失真和电路的效率，因此采用了复合管来解决这一问题。

将三极管 T_1 的集电极或发射极连接到 T_2 的基极，即构成复合管，可等效为一个电流放大系数很大的晶体管，如图 6-5 所示。由图可知，复合管的类型与第一只晶体管的类型相同，而与第二只晶体管无关。通常复合管是由不同类型的晶体管组成，T_1 为小功率管，T_2 为大功率管，这是因为由不同类型的小功率管和同样类型的大功率管组成的复合管比较容易配对，恰恰可以用来组成特性和参数一致的复合管互补对称电路，称为复合互补对称功率放大电路。在构成复合管时应保证两管的基极电流能流通，而且第一管的 C、E 极不能和第二管的 B、E 极接在一起。

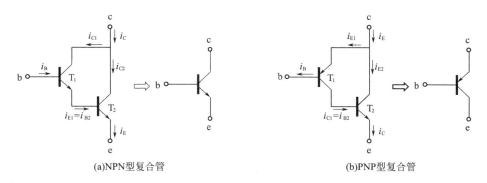

(a)NPN型复合管　　　　　　　　　　　(b)PNP型复合管

图 6-5 复合管电路原理图

以图 6-5（a）为例，推导复合管的电流放大倍数 β 的表达式。

$$I_C = I_{C1} + I_{C2} = \beta_1 I_{B1} + \beta_2 I_{E1} = \beta_1 I_{B1} + \beta_2 (1 + \beta_1) I_{B1}$$
$$= (\beta_1 + \beta_2 + \beta_1 \beta_2) I_{B1} \approx \beta_1 \beta_2 I_{B1}$$

以图 6-5（b）为例，推导复合管的电流放大倍数 β 的表达式。

$$I_C = I_{C2} = (1 + \beta_2) I_{B2} = (1 + \beta_2) I_{C1} = (1 + \beta_2) \beta_1 I_{B1} \approx \beta_1 \beta_2 I_{B1}$$

由以上分析可知，复合管的电流放大倍数均为 $\beta_1\beta_2$。若 $\beta_1=20$，$\beta_2=50$，则其构成的复合管放大倍数为 $\beta=\beta_1\beta_2=1000$。在 $I_{B1}=1\mathrm{mA}$ 的推动电流作用下，能够得到 $1\mathrm{A}$ 的输出电流。因此，它能大大增加输出功率，在同样的输出电流情况下，它比普通功率管要求更小的推动级驱动电流。

6.3　集成功率放大电路

集成电路（Integrated Circuit，简称 IC）是将晶体管、电阻、电容及其连线同时制造在一块半导体芯片上，组成一个具有完整功能的电路。将输入端、输出端和外接元器件的端子引出，构成集成电路的引脚。引脚的数量从几个到几十个，甚至上百个不等。集成电路的种类很多，例如：集成功放、集成运放、集成比较器等属于模拟集成电路，集成门电路、集成触发器、集成计数器等属于数字集成电路。与分立元件相比，集成电路具有体积小、重量轻、可靠性高等优点。

集成功率放大器具有输出功率大、外围连接元件少、工作稳定、使用方便的特点，目前使用越来越广泛。为了改善频率特性，减少非线性失真，很多集成电路内部引入了深度负反馈。另外，集成功放内部均有保护电路，以防止功放管过流、过压、过损耗等。

集成功放的种类和型号很多，本节以音频集成功放 LM386 为例，介绍集成功放的结构和典型应用。LM386 的特点是电源电压工作范围宽（$4\sim12\mathrm{V}$），静态功耗低（当电源电压为 $6\mathrm{V}$ 时，静态电流的典型值为 $4\mathrm{mA}$），电压增益可调（$20\sim200$），电路频响范围较宽（达数百千赫兹），外接元件少，失真度低等。

LM386 为 8 脚双列直插式塑封结构，图 6-6 为 LM386 的引脚排列图，其中输入端有两个（2 脚和 3 脚），当信号由 2 端输入时，构成反相放大器；当信号由 3 端输入时，构成同相放大器。7 脚接入相位补偿电路是为了消除自激振荡。1 脚、8 脚之间用来外接电阻、电容等元件，以调整电路的电压增益。1 脚、8 脚之间开路时，电压放大倍数最小，为 $A_{umin}=20$（26dB）；1 脚、8 脚之间接 $10\mu\mathrm{F}$ 电容时，电压放大倍数为最大，为 $A_{umax}=200$（46dB）；若在 1 脚、8 脚之间接可变电阻 R 和电容 $C=10\mu\mathrm{F}$ 串联，则 A_u 在 $20\sim200$ 之间可调，电阻 R 的阻值越小，A_u 越高。

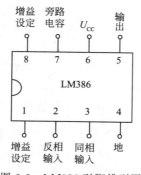

图 6-6　LM386 引脚排列图

图 6-7 是用 LM386 组成的 OTL 功放电路的应用电路。7 脚接去耦电容 C，5 脚输出端所接 $0.05\mu F$ 和 10Ω 的串联网络是为防止电路自激而设置的，1 脚、8 脚之间接入电阻 $R = 1.2k\Omega$ 与电容 $C = 10\mu F$ 串联，得到电压放大倍数 $A_u = 50$。

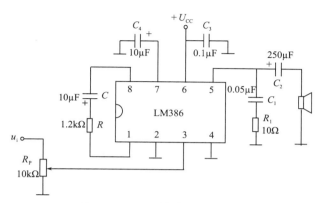

图 6-7　LM386 的典型应用电路

思考题及习题

1. 变压器耦合的推挽功率放大器，当静态工作点 $I_e = 0$ 时，常产生_____失真，为减小这个失真，通常都加_____电路。

2. 推挽功率放大电路由两只_____的晶体三极管组成，且两管的输入信号_____、_____。由此可知，在输入信号的一个周期内，两只晶体三极管是_____工作。

3. 当推挽功率放大器两只晶体三极管的基极电流为零时，因晶体三极管的输入特性_____，故在两管交替工作时将产生_____。

4. 以功率三极管为核心构成的放大器称为_____放大器。它不但输出一定的_____，还能输出一定的_____，向负载提供一定的功率。

5. 功率放大电路的工作要求与低频放大电路不同，要求：输出功率尽可能_____，效率尽可能_____，非线性失真尽可能_____，还要考虑到功率管的散热问题。

6. 功放管可能的工作状态有三种：_____类放大状态，它的失真_____、效率_____；_____类放大状态，它的失真_____、效率_____；_____类放大状态，它的失真_____、效率_____。

7. "互补"放大器，就是利用_____型晶体管与_____型晶体管交替工作来实现放大。

8. 甲乙类推挽功放电路与乙类功放电路相比，前者增加了偏置电路向功放管提供少量_____，以减少_____失真。

9. OTL 功率放大电路和 OCL 功率放大电路电路有何异同？使用中应该注意哪些问题？

10. 如何区分晶体管是工作在甲类、乙类还是甲乙类？画出这三种工作状态下的静态工作点及与之相应的工作波形示意图。分析功率放大电路采用甲乙类工作状态的目的是什么？

11. 何谓交越失真，如何克服交越失真？

12. 对于 OCL 放大电路，输入信号为正弦波，在何种情况下电路的输出出现饱和失真及截止失真？在什么情况下会出现交越失真？

13. 指出图 6-8 所示复合管组合形式是否正确。指出复合管类型，标出复合三极管的电极。

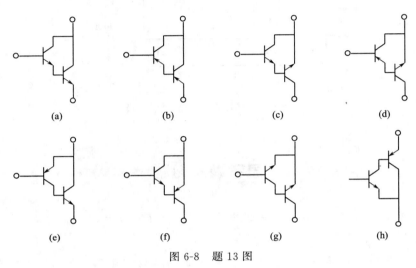

图 6-8　题 13 图

14. 单电源互补对称电路如图 6-9 所示，说明电路各元件的作用。

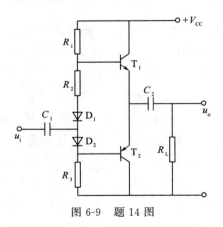

图 6-9　题 14 图

15. 在图 6-10 所示的互补对称电路中，已知：$V_{CC}=V_{EE}=6V$，$R_L=6\Omega$。假设三极管的饱和压降 $U_{CES}=1V$，试求：

（1）电路的最大输出功率 P_{om}；

（2）电路中直流电源消耗的功率 P_V 和效率 η；

（3）三极管的最大功耗等于多少？流过三极管的最大集电极电流等于多？三极管集电

极和发射极之间承受的最大电压等于多少?

（4）负载上得到最大功率时，输入端应加上的正弦波电压有效值大约等于多少?

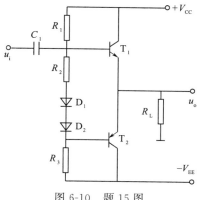

图 6-10　题 15 图

16. 互补对称功率放大电路如图 6-11 所示，其中，电源电压 $V_{CC}=12V$，负载 $R_L=8\Omega$。试求:

（1）忽略三极管的饱和压降 U_{CES} 时的最大不失真输出功率 P_{om} 值;

（2）若三极管的饱和压降 $U_{CES}=1V$，则此时最大不失真功率 P_{om} 值。

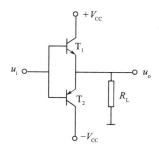

图 6-11　题 16、17 图

17. 功率放大电路如图 6-11 所示，设输入信号为正弦波，负载 $R_L=8\Omega$，忽略三极管的饱和压降 U_{CES}，在最大输出功率 $P_{om}=10W$ 时，试求:

（1）正负电源 V_{CC} 的最小值;

（2）输出功率最大时，电源供给的功率 P_E。

18. 若负载电阻 $R_L=16\Omega$，要求最大输出功率 $P_{om}=10W$，若采用 OCL 功率放大电路，设输出级三极管的饱和管压降 $U_{CES}=1V$，则电源电压 V_{CC} 应选多大? 若采用 OTL 功率放大电路，其他条件不变，则电源电压 V_{CC} 应改为多少?

第7章
直流电源

本章学习要点：在电子电器等设备中，供电电源起着很重要的作用，是电子电器设备中不可缺少的重要组成部分，它的性能良好直接影响到电子电器设备工作的稳定性和可靠性。本章首先介绍了直流电源的组成，根据电源组成结构形式，分别介绍了小功率直流电源中常用的单相整流电路，以及各种滤波电路，最后介绍了硅稳压管稳压电路以及集成的稳压电路。

7.1　直流电源的组成

各种电子电路，如前面介绍的各种放大电路、信号运算和处理电路以及波形发生电路等，都需要使用直流电源来供电。而电子设备中所用的直流电源，通常是由电网提供的交流电经过降压、整流、滤波和稳压后得到的，因此直流电源通常包括四个组成部分，即电源变压器、整流电路、滤波器和稳压电路，如图 7-1 所示。

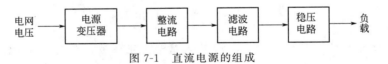

图 7-1　直流电源的组成

电源变压器是将电网提供的 220V（或 380V）交流电进行降压，得到各种电子设备所需要的直流电压值，然后利用整流电路的单向导电性元件，将正负交替的正弦交流电压整流成为单方向的脉动电压。由于脉动电压中包含很大的脉动成分，应用于电子电路影响较大，为尽可能地将单向脉动电压中的脉动成分滤掉，使输出电压成为比较平滑的直流电压，需要引用具有电容或电感元件构成的滤波器。经过滤波后的电压幅值相对稳定，但对于要求比较高的电子设备来说，这种情况仍是不符合要求的，需要应用稳压电路，使输出的直流电压在电网电压或负载电流发生变化时保持稳定。

7.2　单相整流电路

整流电路是利用二极管的单向导电性，将正负交替的正弦交流电压变换成单向脉动电压。在小功率直流电源中，经常采用单相半波、单相全波和单相桥式整流电路。其中单相桥式整流电路应用最多。

7.2.1　单相半波整流电路

图 7-2（a）所示电路为纯电阻负载的单相半波整流电路。图中 T 为电源变压器，D 为整流二极管，R_L 代表需要使用直流电源的负载。

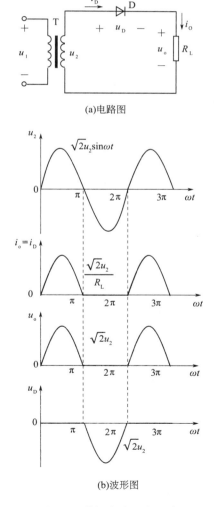

(a)电路图

(b)波形图

图 7-2　单相半波整流电路

在变压器二次电压u_2的正半周内，二极管导通，电流经过二极管流向负载，此时负载R_L上得到一个极性为上正下负的电压，如果忽略二极管的正向压降，则电路的输出电压$u_o=u_2$；在u_2的负半周内，二极管截止，如果忽略二极管的反向饱和电流，此时负载R_L上的输出电压$u_o=0$。所以，在负载电阻R_L两端得到的电压u_o是单向脉动电压，如图 7-2（b）所示。

设整流二极管 D 是理想二极管，即正向电阻为零，反向电阻为无穷大，同时忽略整流电路中的变压器等的内阻，则二极管的电流i_D、负载上的电压u_o、二极管的管压降u_D分别为：

$$i_o = i_D = \frac{u_2}{R_L}$$

$$u_o = u_2$$

$$u_D = 0$$

在负半周内，二极管截止，则有：

$$i_o = i_D = 0$$

$$u_o = 0$$

$$u_D = u_2$$

综上所述，整流电路中各处的波形如图 7-2（b）所示。由图可知，变压器二次交流电在二极管的单向导电作用下，变换为单向脉动电压加载于负载，达到了整流的目的。因为这种电路只在交流电压的半个周期内才有电流流经负载，所以称为单相半波整流电路。

单相脉动电压的大小常用它在一个周期内的平均值来表示，则半波整流电压的平均值为：

$$U_o = \frac{1}{2\pi}\int_0^\pi \sqrt{2}U\sin\omega t \, \mathrm{d}(\omega t) = \frac{\sqrt{2}}{\pi}U_2 = 0.45U_2$$

负载电流的平均值为：

$$I_o = \frac{U_o}{R_L} = 0.45\frac{U_2}{R_L}$$

当二极管截止时，二极管所承受的最高反向电压为$U_{RM}=\sqrt{2}U$，I_D和U_{RM}决定了整流二极管的选择范围，为安全起见，一般需要有 1.5～2 倍的裕量。半波整流电路的优点是结构简单，价格便宜，但是输出波形的脉动大，直流成分比较低，变压器有半个周期不导电，电源利用率低。因此，半波整流电路只能用于输出电流较小、要求不高的场合。

7.2.2　单相全波整流电路

为提高电源的利用率，可以将两个半波整流电流连接组成一个全波整流电路，如图 7-3（a）所示。二极管D_1和D_2在正、负半周轮流导电，且流过负载R_L的电流为同一方向，故在电流的正、负半周，负载上均有输出电压。

当u_2为正半周时，二极管D_1导通，负载R_L上产生上正下负的输出电压；当u_2为负半周时，二极管D_2导通，负载R_L上仍然产生上正下负的输出电压，电流方向如图所示。故负载上得到一个单方向的脉动电压，其整流波形如图 7-3（b）所示。

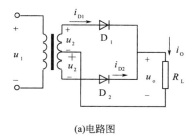

(a)电路图

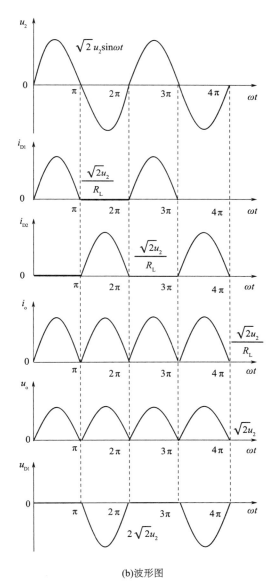

(b)波形图

图 7-3 全波整流电路

由输出波形可以看出，全波整流输出波形是半波整流时的两倍，所以输出直流电压也是半波时的两倍，即：

$$U_{\text{o}} = \frac{2\sqrt{2}}{\pi} U_2 = 0.9U_2$$

$$I_{\text{o}} = \frac{U_{\text{o}}}{R_{\text{L}}} = 0.9\frac{U_2}{R_{\text{L}}}$$

全波整流电路的电源利用率高，输出电压较半波整理电路提高了一倍，流过每个二极管的电流仅为输出电流的一半，但是，二极管的耐压要求高，每管承受的反向峰值电压U_{RM}为U_2的峰值电压的两倍，即$U_{\text{RM}} = 2\sqrt{2}U_2$。另外全波整流电路中需要一个具有中心抽头的变压器，工艺复杂，成本高。因此常采用桥式整流电路来代替。

7.2.3 单相桥式整流电路

目前应用较多的是单相桥式整流电路，如图7-4（a）所示。电路中采用了四个二极管，接成电桥形式，因而称为桥式整流电路。

在u_2的正半周时，二极管D_1、D_3承受正向电压而导通，二极管D_2、D_4承受反向电压而截止，电流的路径为 A→D_1→R_{L}→D_3→B，负载R_{L}上产生上正下负的输出电压，即$u_0 = u_2$；在u_2的负半周时，二极管D_2、D_4导通，D_1、D_3截止，电流的路径为 B→D_2→R_{L}→D_4→A，负载R_{L}上仍然产生上正下负的输出电压，$u_0 = -u_2$。可见在一个周期内，无论输入电压是正半周还是负半周，输出电压u_0的极性保持不变，即$u_0 > 0$，因而负载上得到一个单方向的脉动电压，其整流波形如图7-4（b）所示。

由图7-4（b）可见，在同样的变压器二次电压u_2之下，忽略二极管的正向压降和反向饱和电流，桥式整流电路输出电压u_0的波形所包围的面积是半波整流电路的两倍，因而其平均值也将是半波整流电路的两倍，即

$$U_{\text{o}} = \frac{2\sqrt{2}}{\pi} U_2 = 0.9U_2$$

其中，U_2为变压器二次电压有效值。负载电流的平均值为：

$$I_{\text{o}} = \frac{U_{\text{o}}}{R_{\text{L}}} = 0.9\frac{U_2}{R_{\text{L}}}$$

由于每个二极管在u_2的一个周期内只有半周期导通，所以流过各二极管电流的平均值为：

$$I_{\text{D}} = \frac{1}{2}I_{\text{o}}$$

二极管截止时，每个二极管所承受的最高反向电压$U_{\text{RM}} = 2\sqrt{2}U_2$。

单相桥式整流电路输出电压较高，为单相半波整流输出电压的两倍，输出脉动较小，因而获得了广泛的应用。选择桥式整流器主要由整流电流I_{o}及反向工作电压U_{RM}这两个主要参数所决定。

桥式整流电路有时也画成图7-5（a）所示的形式，将四只二极管集成为一个桥式整流器（简称整流桥），可将电路图简化为图7-5（b）所示。

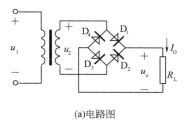

(a)电路图

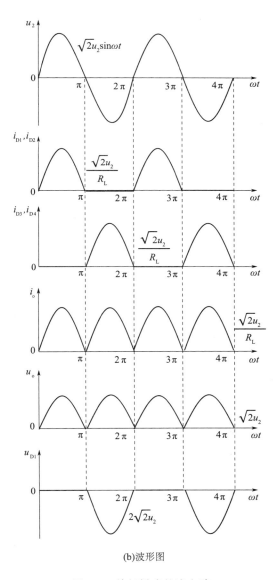

(b)波形图

图 7-4 单相桥式整流电路

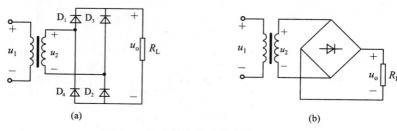

图 7-5　桥式整流电路的其他表示方法

7.3　滤波电路

整流电路的输出电压都含有较大的脉动成分，与稳定的直流电压还相差甚远，因此极少直接用作电子电路的直流电源。因此，通常在整流电路后加入滤波电路，一方面降低整流后输出电压中的脉动成分，同时还要尽量保留其中的直流成分是出出电压更加平滑，接近直流电压。

减小电压的脉动程度，将脉动直流电变为较为平滑的直流电，这个过程称为滤波。电容和电感都是基本的滤波元件，利用他们的储能作用，在二极管导电时将一部分能量储存在电场或磁场中，然后再逐渐释放出来，使得电容器两端的电压以及流过电感的电流不能突变的特点，在负载上得到比较平滑的波形。下面介绍几种常用的滤波电路。

7.3.1　电容滤波电路

在电路中将一个大电容 C 与负载电阻并联，构成桥式整流电容滤波电路，如图 7-6（a）所示。根据电容端电压不能跃变的原理，来分析滤波电路的工作情况。

设 $t=0$ 时刻电路接通电源时，如果没有电容参与，输出电压的波形如图 7-4（b）所示。并联电容后，忽略二极管的正向电阻和变压器的二次线圈的电阻，在 u_2 的正半周，当二极管 D_1、D_3 导通时，电容 C 进行充电，电容两端的电压 u_c 随 u_2 的增大上升至最大值 $\sqrt{2}U_2$。当 u_2 达到最大值以后开始下降，电容两端的电压 u_c 也由于放电而逐渐下降，当 $u_2 < u_c$ 时，二极管 D_1、D_3 被反向偏置，因而不能导电，电路中只有电容器的放电电流，于是电容电压以时间常数 $\tau=R_L C$ 通过负载放电，电容电压按指数规律下降，直到下一个半周 $|u_2|=u_c$ 时。当 $|u_2|>u_c$ 时，二极管 D_2、D_4 导通，电容电压 u_c 随 u_2 增大上升至最大值。随着 $|u_2|$ 的下降，u_c 由于放电也下降，当 $|u_2|<u_c$ 时，二极管截止，电容电压以时间常数 $\tau=R_L C$ 通过负载放电，电容电压按指数规律下降，直至下一个半周 $u_2=u_c$。

如此周而复始，得到电容电压及输出电压的波形，如图 7-6（b）所示，显然这个电压的脉动比整流后没有电容滤波时的电压脉动要小很多。由图可知，增加电容滤波电路以后输出电压的直流分量提高，同时输出电压的平均值较整流电路有所提高。

输出电压 u_o 的大小和脉动程度与电阻 R_L 和电容 C 的数值有直接关系，电容越大输出电压越平稳，即时间常数 τ 越大，u_o 的下降部分越平缓。在实际电路中，要得到比较平滑

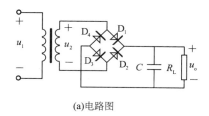

(a)电路图

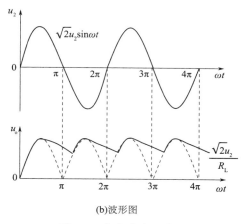

(b)波形图

图 7-6　电容滤波电路图

的输出电压，通常根据下式确定滤波电容的容量：

$$\tau = R_L C > (3 \div 5)\frac{T}{2}$$

当空载时 $R_L \rightarrow \infty$，充电回路的等效电阻很小，电容 C 迅速被充到交流电压 u_2 的最大值 $\sqrt{2}U_2$，电容无放电回路，因此输出电压 U_o 恒为 $\sqrt{2}U_2$。R_L 减小，输出电流增大，输出电压会降低很多，这说明电容滤波电路的带负载能力较差。当 $C=0$ 时，时间常数 $\tau=0$，输出电压为整流后的电压值 $U_o=0.9U_2$，因此电容滤波电路的输出电压 $U_o=0.9U_2 \sim 1.4U_2$。

电容滤波电路中流过二极管的平均电流是负载电流的一半，与整流电路的平均电流相比增加了，但是二极管的导通时间比整流电路缩短了不少。因此，在二极管导通时会出现一个比较大的冲击电流，放电时间常数越大，二极管导通的时间就越短，冲击电流就越大，在接通电源的瞬间，由于电容电压为零，将有更大的冲击电流流过二极管。因此在选用二极管时，其额定整流电流应留有一定的裕量。所以这种电路适用于输出电压较高，输出电流较小的场合。

电容滤波电路结构简单，使用方便，但是在要求输出电压的脉动成分非常小时，必须选用较大容量的电容器，经济性较差。因此当要求输出电流较大或输出电流变化较大时，应考虑其他形式的滤波电路。

7.3.2　电感滤波电路

在桥式整流电路和负载之间串入一个电感器 L 就构成一个简单的电感滤波电路，如图 7-7 所示。由于电感在变化电流的作用下，会产生感应电动势阻碍电流的变化，从而使负载电流的脉动大大减小，电流波形比较平滑。

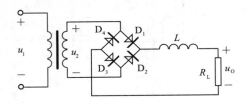

图 7-7　电感滤波电路

由于电感的感抗 $X_L = \omega L$，电感的直流电阻很小，可将电感视为短路，因此直流分量在经过电感后基本没有损失。但是对于交流分量，频率越高阻抗 X_L 越大，流经电感后大部分被过滤掉，从而使负载上得到较平缓的输出电压，从而降低了输出电压中的脉动成分。ωL 越大，R_L 越小，则滤波效果越好。若忽略电感线圈的电阻，输出电压平均值为 $U_o = 0.9 U_2$。

电感滤波电路适用于输出电压较低，负载电流变化较大的场合。由于电感有延长整流管导电时间的趋势，因此电流的波形比较平缓，避免了在整流管中产生较大的冲击电流。但是由于电感线圈体积较大，不容易集成化，且价格又高于电容，使其应用场合受到了一定限制，通常用于功率较大的电源中。

7.4　稳压电路

交流电路经整流电路后，转换为单方向的脉动电压，后流经滤波电路降低了输出电压中的脉动成分。但是整流滤波电路的输出电压与理想的直流电源，还有相当距离。负载和电网电压发生变化时都会影响输出电压的稳定性。为了得到更加稳定的直流电源，需要在整流滤波电路后增加稳压电路。稳压电路可进一步减小输出电压的波动，使之基本保持平衡，但稳压管稳压电路不能调节输出电压的大小，且工作电流较小，只适用于电压固定负载变化不大的场合。

7.4.1　稳压电路的主要指标

稳压电路的主要指标指稳压系数 S_r、电压调整率 K_u 和稳压电路的输出电阻 R_o。

稳压系数的定义是当负载不变时，怎样电路输出电压的相对变化量与输入电压的相对变化量之比，即：

$$S_r = \frac{\Delta U_o / U_o}{\Delta U_i / U_i}\bigg|_{R_L = 常数} = \frac{\Delta U_o}{\Delta U_i} \cdot \frac{U_i}{U_o}\bigg|_{R_L = 常数}$$

电压调整率是指在负载电阻 R_L 不变的情况下，当电网电压波动 $\pm 10\%$ 时，稳压电路相对变化量 ΔU_o 与输出电压的额定值 U_o 之比，即：

$$K_u = \left| \frac{\Delta U_o}{U_o} \right| \times 100\%$$

一般要求$K_u = 0.1\% \sim 1\%$。

稳压电源的等效内阻就是它的输出电阻R_o，他是指在输入到稳压电路的直流电压不变的情况下，由负载电流变化所引起的输出电压变化量ΔU_o与电流变化量ΔI_o之比，即：

$$R_o = \left| \frac{\Delta U_o}{\Delta I_o} \right|$$

由于稳压电路要求ΔU_o越小越好，所以R_o也是越小越好。R_o越小输出端电压越容易稳定。

稳压电路的类型很多，常用的稳压电路有硅稳压管稳压电路、串联型直流稳压电路、集成稳压电路以及开关型稳压电路。

7.4.2 硅稳压管电路

硅稳压管稳压电路如图7-8所示。稳压管D_Z与负载电阻R_L并联，为了保证稳压管工作在反向击穿区，需要将稳压管与负载反向并联。

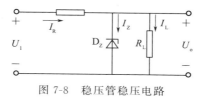

图 7-8 稳压管稳压电路

利用稳压管反向击穿时的伏安特性（如图1-20），将稳压管与负载电阻R_L并联，然后利用限流电阻R将稳压管中的电流控制在合理的范围内，当电网电压波动和负载电流变化时，通过调节电阻上的压降来保持输出电压基本不变，则负载电压就能在一定程度上得到稳定。

下面分析电路的稳压原理。

假设稳压电路的输入电压U_I保持不变，当负载电阻R_L减小，负载电流I_L增大，由于电流在限流电阻R上的压降升高，输出电压U_o将下降。由于稳压管并联在输出端，由伏安特性可知，当稳压管两端电压有较小的下降时，电流I_L将急剧减小。电流$I_R = I_Z + I_L$，所以I_R基本保持不变，限流电阻R上的压降也就维持不变，从而保证输出电压U_o基本不变，即：

$$R_L \downarrow \ \rightarrow I_L \uparrow \ \rightarrow (I_L + I_Z = I_R) \uparrow \ \rightarrow U_o \downarrow \ \rightarrow I_Z \downarrow \ \rightarrow (I_L + I_Z = I_R) \downarrow \ \rightarrow U_o \uparrow$$

假设负载电阻R_L保持不变，由于电网电压的升高而使整流滤波后的输出电压U升高，则输出电压U_o也随之上升。由稳压管的伏安特性可见，此时流经稳压管的电流I_Z将急剧增加，于是限流电阻R上的压降增大，$U_O = U_I - U_R$以此来抵消输入电压的升高，使得输出电压基本保持不变，即：

$$U_I \uparrow \ \rightarrow U_o \uparrow \ \rightarrow I_Z \uparrow \ \rightarrow I_R \uparrow \ \rightarrow U_R \uparrow \ \rightarrow U_o \downarrow$$

综上所述，稳压管稳压电路是利用稳压管调节自身的电流大小来满足负载电流的变化，与限流电阻R配合，可以将电流的变化转换成电压的变化，以适应电网电压和负载的波动。

由以上的分析可知，稳压管稳压电路中的限流电阻R是一个很重要的组成元件，限流电阻的取值必须在合适的范围内，才能保证稳压电路正常工作。

现分析限流电阻的取值范围。

假设稳压电路正常工作时，稳压管允许的最大工作电流为I_{Zmax}，最小工作电流为I_{Zmin}；电网电压最大允许的整流输出电压值为U_{Imax}，最低为U_{Imin}；负载电流的最大值为I_{Lmax}，最小值为I_{Lmin}。

（1）当电网电压为最高值U_{Imax}，且负载电流最小为I_{Lmin}时，流过稳压管的电流最大，其值不应超过I_{Zmax}，即：

$$\frac{U_{Imax}-U_Z}{R}-I_{Lmin}<I_{Zmax}$$

$$R>\frac{U_{Imax}-U_Z}{I_{Zmax}-I_{Lmin}}$$

（2）当电网电压为最小值U_{Imin}，且负载电流最大为I_{Lmax}时，流过稳压管的电流最小，其值不应低于I_{Zmin}，即：

$$\frac{U_{Imin}-U_Z}{R}-I_{Lmax}>I_{Zmin}$$

$$R<\frac{U_{Imin}-U_Z}{I_{Zmin}+I_{Lmax}}$$

限流电阻必须在上面两式范围内选择，如果不能同时满足这两个条件，则说明在给定的条件下已超出稳压管的稳压范围，需要限制输入电压U_I或负载电流I_L的变化范围，或选择更大容量的稳压管。

【例7-1】在图7-8所示的硅稳压管稳压电路中，设稳压管的稳压电压$U_Z=5V$，$I_{Zmax}=50mA$，$I_{Zmin}=5mA$；$U_{Imax}=12V$，$U_{Imin}=10V$；$R_{Lmax}=500\Omega$，$R_{Lmin}=200\Omega$。当I_Z由最大值转化到最小值时，U_Z的变化量为$0.35V$。

① 选择合适的限流电阻R；

② 估算在上述条件下的输出电阻和稳压系数。

解：①由给定的条件可知：

$$I_{Lmin}=\frac{U_Z}{R_{Lmax}}=\left(\frac{5}{500}\right)=10mA$$

$$I_{Lmax}=\frac{U_Z}{R_{Lmin}}=\left(\frac{5}{200}\right)=25mA$$

由此可知，限流电阻的取值范围为：

$$R>\frac{U_{Imax}-U_Z}{I_{Zmax}+I_{Lmin}}=\frac{12-5}{0.05+0.01}=117\Omega$$

$$R<\frac{U_{Imin}-U_Z}{I_{Zmin}+I_{Lmax}}=\frac{10-5}{0.005+0.025}=167\Omega$$

取$R=150\Omega$。

② 再由给定条件可求得输出电阻为：

$$R_o=\left|\frac{\Delta U_o}{\Delta I_o}\right|=\frac{0.35}{0.05-0.005}=7.78\Omega$$

稳压系数为：

$$S_{\mathrm{r}} = \frac{U_{\mathrm{I}}}{U_{\mathrm{o}}} \cdot \frac{R_{\mathrm{o}}}{R} = \frac{11}{5} \cdot \frac{7.78}{150} = 11.4\%$$

　　硅稳压管稳压电路的优点是结构简单、制作容易，在输出电压不需调节、负载电流比较小的情况下，稳压效果较好，所以在小型电子设备中经常采用它。但是由于稳压管并联在负载上，输出电压不可调节，始终等于稳压管的稳压值。另外，电路通过硅稳压管中的电流变化调节限流电阻上的压降来补偿输出电压的变化，以使输出电压趋于稳定，因此调节范围较小，输出电压的稳定程度也不高。所以这种稳压电源只适用于负载电流较小，负载所需电压固定，对稳定精度要求不高的场合。当电网电压或负载电流变化比较大，或输出电压需要调节时，则需要采用其他的稳压电路形式。

7.5　集成稳压电路

　　由分立元件和集成运放构成的稳压电路，由许多元器件构成，体积较大，使用不方便。随着集成技术的发展，稳压电路也迅速实现集成化，集成稳压器具有体积小可靠性高以及温度特性好的特点，而且使用灵活方便，价格低廉，被广泛应用于各种电子设备中。集成稳压器的内部结构是在串联型稳压电路的基础上，增加了过流、过压、过热等保护电路，并将其统一集成在同一半导体芯片上。常用的集成稳压器有下列几种：

　　① 多端可调式集成稳压器：这种稳压器取样电阻和保护电路的元件需要外接，具有多个外接端，满足不同的输出电压要求。

　　② 三段可调式集成稳压器：这种稳压器有输入、输出、调节端三个端子，在调节端外接电阻即可实现对输出电压的连续调节。

　　③ 三端固定式集成稳压器：这类稳压器有输入、输出和公共端三个端子，输出电压不可调。

　　固定式集成稳压器有 W78 系列（固定正输出）和 W79 系列（固定负输出）两大类，输出电压值有 5V，6V，9V，12V，15V，18V，24V 等七档，其型号的后两位数字表示输出电压值，例如 W7805 表示输出电压为＋5V，W7912 表示输出电压为－12V。根据输出电流值的不同，稳压器分为 W78T×× 系列、W78×× 系列、W78M×× 系列、W78L×× 系列，输出电流值分别为 3A、1.5A、0.5A、0.1A。W78 系列的最高输出电压为 35V，最小输入输出压差为 2.5V。三端集成稳压电源使用十分方便，只要按需要选定型号，再配上适当的散热片，就可以接成稳压电路。本节主要以 W7800 系列固定输出三端集成稳压器为例，介绍电路的组成、主要参数和他们的应用。

7.5.1　三端集成稳压器的应用

　　（1）基本应用电路

　　三端集成稳压器最基本的应用电路如图 7-9 所示。输入电压 U_{I} 为整流、滤波后的直流电压，电容 C_1 用于抵消输入端较长连线时的电感效应，防止产生自激振荡，一般取 $C_1 = 0.33\mu\mathrm{F}$；电容 C_2 用来减小输出脉动电压并改善负载的瞬态效应，使得瞬时增减负载电流不会引起输出电压的较大波动，一般取$C_2 = 0.1\mu\text{F}$，两个电容应直接连接在集成稳压器的引脚处。若输出电压较高，应在输入端与输出端之间跨接一个保护二极管 VD，给C_2提供泄流电路，以保护稳压器内部的调整管，如图中虚线所示。

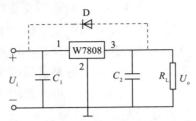

图 7-9　集成稳压器的基本应用电路

从图 7-9 中可知，U_i和U_O的电压差将由稳压器 W7808 来决定，为了使三端稳压电源内部调整管工作于放大状态，通常规定输入电压U_I应比输出端电压U_O高 2.5～3V，但也不能太大，以免烧毁集成电路。

（2）提高输出电压的电路

当负载所需稳压电源输出电压高于集成稳压器的输出电压时，可采用升压电路来提高输出电压值。在图 7-10 所示的电路中，利用电阻来提升输出电压，假设流过电阻R_1和R_2的电流比三端集成稳压器的静态电流大的多，则输出电压可看做：

$$U_O \approx \left(1 + \frac{R_2}{R_1}\right)U_{XX}$$

其中U_{XX}为集成稳压器的标称输出电压。由此可见，改变电阻R_1和R_2比值的大小，就可改变输出电压的大小，当R_1和R_2值较小时，稳压电源的稳压精度较高。其缺点是：若输入电压发生变化，将会影响稳压器的精度。

（3）提高输出电流的电路

电路如图 7-11 所示，集成稳压器 W7800 系列的最大输出电流为 1.5A，如负载所需电流超过 1.5A 时，可采用外接功率管来扩展输出电流。

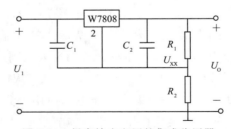

图 7-10　提高输出电压的集成稳压器

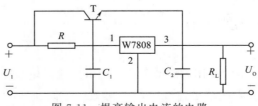

图 7-11　提高输出电流的电路

（4）输出电压可调的稳压电路

W7800 和 W7900 均为固定输出的三端集成稳压器，如果希望得到可调的输出电压，可以在电路中接入一个集成运放，以及采样电阻 R_1 和 R_2，通过改变电阻 R_1 和 R_2 的比值即可改变输出电压值为：

$$U_{\mathrm{O}} = \frac{U_{\mathrm{XX}}}{R_1}(R_1 + R_2) = U_{\mathrm{XX}}\left(1 + \frac{R_2}{R_1}\right)$$

当输出电压 U_{O} 调得很低时，集成稳压器输入输出两端之间的电压差很高，使内部调整管的管压降增大，调整管的功耗也随之增大，此时应防止管压降和功耗超过额定值，以确保电路的安全。

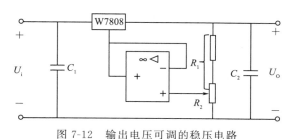

图 7-12　输出电压可调的稳压电路

7.5.2　集成稳压器的主要参数

集成稳压器的主要参数有输出电压范围、最大输入电压、最大输出电流、输入与输出最小电压差、电压调整率。

① 输出电压 U_{o}：稳压器稳定输出的额定电压值。

② 最大输入电压 U_{imax}：使稳压器能安全工作时的最大允许电压。

③ 最大输出电流 I_{Omax}：使稳压器能安全工作的最大电流，若超过这一电流值，会使稳压器损坏。

④ 输入输出最小电压差 $(U_{\mathrm{i}} - U_{\mathrm{o}})_{\mathrm{min}}$：保证稳压器正常工作时，允许的输入与输出电压的最小差值。

⑤ 电压调整率 S_{u}：输出电压相对变化量与输入电压变化量之比，即

$$S_{\mathrm{u}} = \frac{\dfrac{\Delta U_{\mathrm{o}}}{U_{\mathrm{o}}}}{\Delta U_{\mathrm{i}}} \times 100\%$$

电压调整率越低，稳压性能越好。

集成稳压器 W7805、W138 和 W317 的主要参数见表 7-1。

表 7-1　W7805、W138 和 W317 的主要参数

参数名称	符号	W7805	W138	W317
输出电压/V	U_{O}	5	1.25～32	1.25～37
最大输入电压/V	U_{imax}	35	40	40
最大输出电流/A	I_{omax}	2.2	5	1.5

续表

参数名称	符号	W7805	W138	W317
输入输出最小电压差	$(U_i - U_o)_{\min}$	2	2.5	2.5
电压调整率	S_u	0.0076	0.01	0.01

7.6 开关型稳压电路

前面介绍的串联型直流稳压电路以及三端集成稳压器，其调整管工作在线性放大区，故也称为线性稳压电源。线性稳压电源结构简单、调整方便、输出电压脉动较小；但是当负载电流较大时，调整管工作在放大区，流经的电流与电压不断消耗能量，导致电源效率较低，一般只有30%到50%，而且需要加装体积较大的散热装置，而且输入电压的变化范围不能太大，否则无法实现稳压输出。

采用开关型稳压电路可以克服上述缺点。通过控制脉冲信号使调整管工作在饱和区和截止区，通过适当调节矩形脉冲的占空比，控制调整管开和关的时间，那么利用储能元件也能使电路的输出电压稳定在一定范围内，这种电路就称为开关型稳压电路。工作在开关状态的调整管功耗很小，因此开关型稳压电路的效率较高，一般可达65%～90%。开关频率通常为几十千赫，故电路中电感、电容的容量也可大大减小，另外，由于散热器体积的减小，因此开关型稳压电路与同样功率的线性稳压电路相比，体积和重量都小很多。

开关型稳压电路的类型很多，按控制的方式可以分为：脉冲宽度调制型（PWM）、脉冲频率调制型（PFM）以及混合调制型；按是否使用工频变压器可以分为：低压开关稳压电路和高压开关稳压电路；按激励的方式可以分为自激式和他激式。

开关型稳压电路，由开关调整管、滤波电路、脉冲调制电路、比较放大器、基准电压和采样电路等组成。下面以脉冲调制开关型稳压电路为例，来介绍其工作原理。

脉宽调制式串联型开关稳压电源的原理电路如图 7-13 所示。三极管 T 为工作在开关状态的调整管，其开关时间由电压比较器输出的脉冲信号控制；电路的控制方式采用脉冲宽度调制式，调制电路由基准电压电路、取样电路、误差放大器、电压比较器和三角波振荡器组成，运算放大器 A 作为比较放大电路，基准电源产生一个基准电压 U_{REF}，由电阻 R_1 和 R_2 组成取样电路；电感 L、电容 C 和二极管 D 构成滤波电路，稳压工作原理如下。

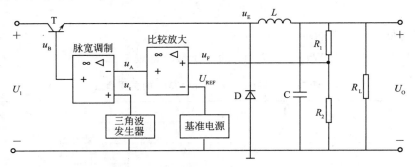

图 7-13 脉宽调制式串联型开关稳压电路示意图

　　取样电压u_F加在误差放大器的反向输入端，基准电压U_{REF}加在误差放大器的同相输入端，比较放大后得到电压u_A，传送到电压比较器的反相输入端。电压比较器反相端的输入电压u_t为三角波发生器所产生的固定频率的三角波信号，如图1-1（a）所示，当$u_A >$ u_t时，电压比较器的输出电压u_B为低电平，当$u_A < u_t$时，电压比较器的输出电压u_B为高电平，因此，调整管 T 的基极电压u_B成为高低电平交替的脉冲波形，如图 7-14 所示。

　　当u_B为高电平时，调整管饱和导通，忽略其饱和压降，有$u_A = U_i$，此时二极管承受反向电压而截止，电流流向负载，并通过电感 L 和电容 C 进行储能；当u_B为低电平时，调整管截止，电感 L 和电容 C 中的电荷通过二极管 D 流向负载。调整管 T 处于开关状态，发射极电位u_E也是高低电平交替的脉冲波形，但是经过 LC 滤波电路以后，在负载上可以得到比较平滑的输出电压。

　　u_E的波形如图 7-14 所示，其中t_{on}是 T 的导通时间；t_{off}是 T 的截止时间；开关转换周期 $T = t_{on} + t_{off}$。输出电压的平均值为：

$$U_o = \frac{t_{on}}{T}U_i = KU_i$$

　　式中，K 称为脉冲波形的占空比；t_{on}又称为脉冲宽度，又称为脉冲宽度。通过改变t_{on}的值，也就改变了输出电压值，因此称这种电源为脉宽调制式开关型稳压电源。

　　假设当输出电压u_o升高时，则经过采样电阻后得到的采样电压u_f也随之升高，此电压与基准电压U_{REF}比较以后再放大得到的电压u_A也将升高。由图 7-12 可知，当比较放大输出电压u_A增大时，将使开关调整管基极电压u_B的波形中高电平的时间缩短，而低电平的时间加长，则其发射极电压u_E的脉冲波形占空比减小，从而使得输出电压的平均值u_O减小，最终保持输出电压基本不变。

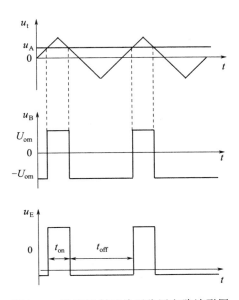

图 7-14　脉宽调制开关型稳压电路波形图

思考题及习题

1. 直流电源通常由哪几部分组成？各部分的作用是什么？

2. 单相整流电路按其电路结构特点来分，有_____整流电路_____整流电路和_____整流电路。

3. 把脉动直流电变成较为平稳的直流电的过程，称为_____。常用的滤波电路有_____、_____和_____三种。

4. 稳压电路使直流输出电压不受_____或_____的影响。

5. 在变压器二次电压相同的情况下，桥式整流电路输出的直流电压比半波整流电路高_____倍，而且脉动_____。

6. 硅稳压二极管是一种具有_____作用的特殊晶体二极管，它可组成稳压电路。这种电路适用于对负载电流要求_____，对电压稳定度要求_____的场合。

7. 桥式整流电路，如果电源变压器二次绕组的电压为 u_2，则整流晶体二极管承受的最高反向工作电压是_____。

8. 在单相半波整流电路中，如果电源变压器二次电压的有效值为 200V，则负载电压将是_____。

9. 在图 7-15 所示的桥式整流电路中，已知变压器的二次电压有效值为 10V，负载 $R_L = 10\Omega$。忽略二极管的正向压降，试求：

（1）负载 R_L 上的直流电压 U_O；

（2）二极管中的电流 I_D 和承受的最大反向电压 U_{RM}；

（3）如果二极管 D_1 断开，画出 u_i 和 u_o 的波形，并求 U_O 的值。

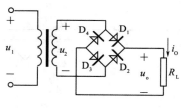

图 7-15 题 9 图

10. 如图 7-16 所示的整流滤波电路中，已知：$U_2 = 10V$，求下列的情况下 A、B 两点间的电压：

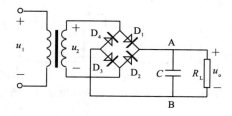

图 7-16 题 10、11 图

（1）电路正常工作；

（2）电容 C 开路；

（3）负载 R_L 开路；

（4）二极管 D_1 开路。

11. 如图 7-16 所示的桥式整流滤波电路中，已知：$R_L = 50\Omega$，$C = 2000\mu F$，$U_2 = 20V$。试分析输出电压 U_o 在下列几种情况下电路的工作状态，并说明原因：①28V；②24V；③18V；④9V。

12. 说明电感滤波电路和电容滤波电路的区别。他们在滤波电路中应如何与负载 R_L 连接。

13. 试说明开关稳压电路通常由哪几个部分组成？并简述各部分的作用。

14. 串联型稳压电路主要由哪几部分组成？它实质上依靠什么原理来稳压？

15. 在稳压管稳压电路中，如果已知负载电阻的变化范围，如何确定限流电阻？如果已知限流电阻的数值，如何确定负载电阻允许变化的范围。

16. 什么是脉宽调制式开关型稳压电源。

17. 稳压管稳压电路如图 7-17 所示，已知其稳定电压 $U_Z = 6V$，$I_{Zmax} = 30mA$，$I_{Zmin} = 10mA$，限流电阻 $R = 200\Omega$。试分析：

（1）假设负载电流 $I_L = 10mA$，则允许输入的直流电压 U_1 的变化范围为多大，才能保证稳压电路正常工作。

（2）假设给定输入直流电压 $U_1 = 10V$，则允许的负载电流 I_L 变化范围为多大。

（3）如果负载电流在一定范围内变化，$I_L = 10\sim20mA$，此时输入直流电压 U_1 的最大允许变化范围为多大。

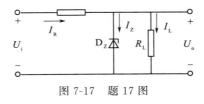

图 7-17　题 17 图

18. 用三端集成稳压器 W7805 组成直流稳压电路，说明各元件的作用，并指出电路正常工作时的输出电压值。

19. 如图 7-18 所示的稳压电路，已知 W7809 的输出电压为 9V，$R_1 = 3k\Omega$，$R_2 = 5k\Omega$，电流 I_3 很小可忽略不计，试求 U_O 值。

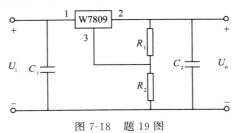

图 7-18　题 19 图

20. 图 7-19 所示的稳压电路，试求输出电压 U_o 的可调范围。已知：$R_1 = 2.2\text{k}\Omega$，$R_2 = 4.7\text{k}\Omega$。

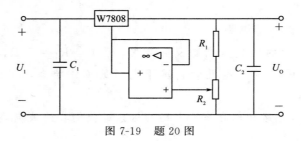

图 7-19　题 20 图

参 考 文 献

[1] 杨素行. 模拟电子技术基础简明教程. 第 3 版. [M]. 北京：高等教育出版社，2006.

[2] 高玉良. 电路与模拟电子技术. 第 2 版. [M]. 北京：高等教育出版社，2008.

[3] 李燕民. 电路和电子技术（下）[M]. 北京：北京理工大学出版社，2004.

[4] 徐丽香. 模拟电子技术. 第 2 版. [M]. 北京：电子工业出版社，2012.

[5] 江晓安，董秀峰. 模拟电子技术. 第 3 版. [M]. 西安：西安电子科技大学出版社，2008.

[6] 黄跃华. 模拟电子技术 [M]. 北京：北京理工大学出版社，2009.

[7] 王淑娟. 模拟电子技术基础 [M]. 北京：高等教育出版社，2009.

[8] 陈仲林. 模拟电子技术基础 [M]. 北京：人民邮电出版社，2006.

[9] 杨碧石. 模拟电子技术基础 [M]. 北京：北京航空航天大学出版社，2006.

[10] 董诗白. 模拟电子技术基础 [M]. 北京：高等教育出版社，1998.

[11] 王卫东. 模拟电子技术基础 [M]. 西安：西安电子科技大学出版社，2003.